CAR検
自動車文化検定

CAR検 合格のための 集中講義 1

自動車文化検定委員会編

必ず実力がUPする
「自動車文化史」特訓

はじめに

自動車文化全般を対象とした検定、自動車文化検定（ＣＡＲ検）では、受験する方々を対象にしたセミナーを全国各地で開催しています。

様々な講師が、歴史的な話題から最新のクルマ技術についてまで、分かりやすく解説するこのセミナーは、ＣＡＲ検を受験する方だけでなく、クルマ好きの方にとっても人気のあるイベントとなっています。

本書は、会場まではなかなか行くことができないという方々のご要望を受け、今まで行なわれたセミナーの中から、いくつかの講座を選んで書籍にまとめたものです。

まず、シリーズ第一刊目となる本書では、クルマの誕生から発達まで、大まかな歴史をまとめて一冊にしました。

前半では、「20世紀は自動車が作った世紀」という考えのもとに、世界的規模で開催された「カー・オブ・ザ・センチュリー」で選出された5台の「20世紀のクルマ」を俎上にあげ、それらが社会にどのような影響を与えたのかを講師陣の一人である自動車文化検定委員会の伊東和彦が解説しています。

後半には、２００８年に愛知県長久手のトヨタ博物館で開催されたセミナーを収めました。１９８９年4月に開館した同館は、ガソリン自動車が誕生した19世紀末を起点として、20世紀における自動車の発達史を、歴史的に重要な国内・外の実車およそ１２０台によって体系的に展示した施設です。

今まで何度か、ここを会場に開催されたセミナーでは、同館が所蔵しているクルマの中からテーマを絞って数台を選び、参加者のみなさんと講師たちが現物のクルマを囲みながら、わかりやすく楽しいセミナーを開催してきました。実車を前にしながらのトークの応酬は熱気を帯び、数多いセミナーの中でも人気の高い催しになっています。

　収録した回の講師陣は、自動車専門誌『ＣＧ』の創刊スタッフとして知られ、その博識ぶりに誰もが驚嘆する自動車評論家の高島鎮雄氏。そして、軍事評論家の肩書きを持ちながら、クルマの知識がたいへん豊富で、「飛行機とクルマの関わり合い」をおもしろおかしく語ってくれる岡部いさく氏。そして伊東和彦が行司を務めています。

　20世紀とともに歩んできた自動車は、人々の生活だけでなく社会の構造にまで大きな影響を及ぼしてきました。本書では、そうした社会と自動車の関わり合いを考えながら、クルマと人とで作り上げた、「自動車社会学」を考えてみることにしました。クルマの発達を追いながら、エポックメイキングな話題や、ポイントとなるところなどは脚注によってわかりやすく解説を加えています。

　ＣＡＲ検受験者の合格のための副読本としてはもちろん、クルマ趣味人の読み物としても楽しんでいただける内容だと自負しています。

２００９年９月

自動車文化検定委員会

自動車文化 CAR検 検定

目次

1 時限

「自動車発達史」集中講義

2 時限

超マニアック対談 高島鎮雄 vs 岡部いさく

CONTENTS

1時限

「自動車発達史」集中講義

～自動車元年からハイブリッドカーまで～

自動車の歴史を駆け足でふりかえります。
自動車の発達においてターニングポイントとなった
クルマ、開発者、技術などを解説しています。
講師は『SUPER CG』で編集長を務め、
自動車文化検定委員会のメンバーでもある伊東和彦です。
わかりやすく、簡潔に「自動車発達史」の
講義が展開されています。

LECTURE 01

20世紀は自動車が作った時代

自動車が誕生してから、およそ１２０年になります。ガソリンエンジンを搭載した、現代のクルマの原型といえるものが誕生したのが１８８６年なので、この年を**自動車元年**とする考え方に基づいたものです。

１２０年間にわたって、様々な顧客や市場からの要求、それから様々な技術的進歩によってクルマは変貌を遂げてきました。たゆまぬ進歩を続けてきたのです。

ところが、ひどく乱暴ないい方をすれば、ガソリンや軽油といった化石燃料を燃やして動く内燃機関を動力に使うという形は、１２０年間にわたって、まったく変わっていないのです。１２０年前と比べれば、比較にならないほど快適になり、速くなり、安全になり、排ガスも綺麗になりと、まったく違うものに変貌しましたが、でも化石燃料を使うことには、変わりがないのですね。

ところがご承知のとおり、いま、自動車は大きな曲がり角に差し掛かっています。地球温暖化を食い止めるために、二酸化炭素の大きな発生源である自動車が変わらなくてはならなくなりました。化石燃料の消費を減らさなければならないのです。それも究極的にはゼロに。１９９７年にトヨタがプリウスで先鞭をつけた**ハイブリッド車**、そしていよいよ**電気自動車**や**燃料電池車**の時代がやってこようとしています。

必勝 **検定対策メモ**

○自動車元年

1886年1月29日、ドイツ帝国特許庁が、カール・ベンツが考案したガソリンエンジン搭載の三輪自動車に特許を発給。ゴットリープ・ダイムラーも四輪車を完成させた。

○ハイブリッド車とは

ハイブリッド（Hybrid）とは、雑種や混成物といった意味。クルマでは、複数の動力源によって走行する自動車を示し、エンジン（内燃機関）とモーターを組み合わせている。ハイブリッド車には、シリーズ式とパラレル式があり、前者はエンジンが発電のみを担い、発生した電力を使って駆動する。後者は、エンジンが発電だけでなく駆動も受け持ち、これにモーター駆動を組み合わせている。

○ハイブリッド車を造ったポル

この難局を乗り切ったメーカーだけが生き残れるといっても過言ではないでしょうし、激しい生き残り競争の中で、売れ行き不振から、巨大メーカーが存亡の危機に瀕する、あるいは倒産するなどということも起きるかもしれません。

20世紀は自動車が作った世紀といわれています。発明されたのは19世紀の後半でしたが、20世紀が始まるのと歩調を合わせるかのように自動車の普及が始まり、人間生活に欠かせない存在として社会を支えてきました。

個人単位の移動手段として普及し、「地球を狭くした」のです。クルマほど人の生活や文化を根底から変え、社会の発展にかかわった工業製品はほかにないのではないでしょうか。これに匹敵するのはパーソナル・コンピューターと、それから連なる全世界的な情報システムといわれています。

本章では、自動車文化検定という名にふさわしく、自動車史文化論的な視線で、クルマの発達史を振り返っていきたいと思います。

LECTURE 02 ガソリン、電気、そしてハイブリッド

ハイブリッド車を実用化したのは、皆さんよくご存じの初代ポルシェ博士です。なんと今から１００年以上も前の１９０２年。

その時期には、世の中は、まだガソリン車にすべきか電気自動車にすべきか、決めかねていました。大きな音を出し、油が飛び散り、それにもまして、ガソリ

シェ博士
初めてハイブリッド車が誕生したのは１９０２年のことで、手掛けたのはフェルディナント・ポルシェ博士だ。博士は四輪のハブにモーターを組み込んだローナー・ポルシェを１８９９年完成させている。車輪の中にモーターを組み込んで駆動するこの方法は、近未来の電気自動車や燃料電池車にとって有効な駆動方法といわれている。さらに博士は、バッテリーだけに頼っていたら走行距離が限られると、エンジンで発電機を駆動し、電気モーターで走行するローナー・ポルシェ・ミクステを１９０２年に完成させている。これがハイブリッド車の原点だ。

○電気自動車
電気自動車が実用化されたのは、ガソリンエンジンより早く、１８７３年のことだった。１８９９年、電気自動車は自動車として初めて１００㎞／hの壁を破った。

ポルシェ博士が1902年に完成させた史上初のハイブリッド車、ローナー・ポルシェ・ミクステ。ホイール内にモーターを収める、ホイール・イン・モーター方式を採用している。

ンや排ガスという、それまで人々が体験したことのない異臭が鼻につく、そんな化け物のようなガソリン車より、静かで〝臭くない〟電気自動車が、特に女性たちには好まれていたようです。

当時のガソリン車はエンジンを掛けることから始まって、難しいギアチェンジなど、扱いづらかったのですが、電気自動車なら、速度調節とブレーキ、ステアリングだけですから運転が楽だったのです。もちろん欠点もあって、鉛バッテリーは、重くてかさばり、1回の充電で走ることのできる距離は少なかったのですが、自動車に乗ってそう遠くに行くこともなかったので、町の中で使うには不便ではなかったのでしょう。

ポルシェ博士も電気自動車を設

必勝

検定対策メモ

○燃料電池車

燃料電池（Fuel-Cell）は、水素と酸素を反応させて電気をつくりだす装置。化学反応を利用した発電機だ。「燃料」となる水素と酸素は地球上に無尽蔵に存在し、反応後は水しか排出しないため、大気汚染の心配がないことから「21世紀のクリーンエネルギー」として世界中で注目されている。電気自動車の発電装置として用いることで、バッテリー式電気自動車の課題であったバッテリー容積と重量、短い航続距離、充電の手間を一挙に克服できる。現在、燃料電池車の普及を妨げている大きな問題は、燃料である水素の供給と運搬方法、そして膨大なコスト。現在、車両価格は1台1億円といわれる。

○フェルディナント・ポルシェ博士

計していたので、そのバッテリーの不便を解決しようと、ガソリンエンジンを搭載して充電しながら走る、今で言うハイブリッド車を開発したわけです。

結果的に、ガソリンエンジンの方がコンパクトだとか、重量に対して発生する力が大きくて有利などの理由で、ガソリン車に集約されていくのですが、アメリカでは町の中で使う移動手段として電気自動車には確かな需要があって、1920年代になっても造られていたようです。

言い忘れましたが、自動車が発明される少し前の1859年に、アメリカで初めてとなる油田が発見されています。ペンシルバニアでした。これが、ガソリンエンジン車の普及を後押ししたといわれています。発見された当時はそれほど石油の使い道が多くはなかったのです。これが自動車や工業に使われるようになって莫大な需要が起こったのです。

この自動車黎明期の電気自動車の状況は、100年後の今とあまり変わらないと思いませんか。こつこつと研究されていたのでしょうが、ガソリンエンジンと比べれば、技術的にちょっと置いてきぼりになっていたのです。

世の中が、**二酸化炭素を削減**するという課題に集中するようになって、これから技術革新がさらに進んで、効率がとてもいいバッテリーが開発され、現在のガソリンスタンド網のような充電インフラが整えば、電気自動車が100年ぶりに最前線に飛び出して来る可能性は充分あります。

フェルディナント・ポルシェ（1875年9月3日～1951年1月30日）は、オーストリアの自動車設計者。1894年にウィーンで電気機器会社に職を得て、働きながらウィーン大学の聴講生として学んだ。このころから自動車に関心を持ち、電気自動車の開発を始めたばかりの元馬車製造会社のヤーコプ・ローナー社に移り、開発に着手、電気自動車のほかハイブリッド車を完成させた。アウストロ・ダイムラー社を経て、ダイムラー社（合併後のダイムラー・ベンツ）の技術部長兼取締役に就任し、高性能ツーリングカーを開発。1931年4月にシュトゥットガルトで、設計とコンサルティングを行うポルシェ事務所を開設、アウトウニオンPヴァーゲン、VWビートル、ドイツ国防軍戦車などの設計を手掛けた。

○二酸化炭素削減

二酸化炭素（CO_2）は酸素と

LECTURE 03

20世紀を作ったクルマの歴史

20世紀を終えるにあたって、その１００年間に世界中で生産されたすべての乗用車の中から、もっとも優れたクルマを1台選び出そうという、〝カー・オブ・ザ・センチュリー〟が行なわれました。

このために作られた委員会が最初にリストアップしたのは７１６台で、そこから4段階の選考を経て、T型フォード、ミニ、VWビートル、シトロエンDS、およびポルシェ９１１の5台が残ったのです。年代、価格、クラス、もちろん性格もまったく異なる5台ですね。絞り込まれた5台の中から1台を選ぼうというわけです。

皆さんは、どれが選ばれたと思いますか。１９９９年の12月半ばに、アメリカ・ラスヴェガスで最終投票が行なわれ、カー・オブ・ザ・センチュリーに選ばれたのは、フォードT型でした。予想外だと思われた方もいらっしゃるでしょう。実はこの私もそうでした。ところが、その受賞理由を聞いて、ああ、なるほどな、と納得させられました。

カー・オブ・ザ・センチュリーの選考基準は、世界一の高性能車でも、世界一美しいクルマでも、技術的に最も進んだクルマでもないのです。

この企画の趣旨を要約すると、〝この１００年間に社会のモータリゼーション、さらには、文明社会の進歩・発展に最も大きく貢献したクルマ〟となっています。

必勝 検定対策メモ

炭素の化合物。大気中には約０・０３％存在する。18世紀の産業革命以降、化石燃料の使用量が急速に増大するとともに、CO_2を大量に吸収していた森林が伐採されるなどで、大気中のCO_2濃度が急上昇した。CO_2濃度が高まると温室効果で地表の気温が上昇し、海面の上昇、気候の変動、それに伴う異常気象の発生などの悪影響が懸念される。排出量を規制するため、国際的な話し合いが続けられている。

○カー・オブ・ザ・センチュリー（Car of the Century）

自動車の世紀といわれた20世紀に、世界で生産されたすべての乗用車の中から、もっとも傑出した車ただ1台を選び出し、その製造者と設計者を讃えようという企画。

確かに、この趣旨を理解すれば、最終的に残った5台とも、その時代の自動車界に対して、技術的、社会的、経済的、文明論的に強い影響力を与えたことは事実ですし、自動車界だけでなく、社会の発展に大きな影響をもたらしたんですね。

上位4台は、当然、すべて乗用車でした。1位がT型フォード、2位がイギリスのミニ、3位がシトロエンのDS、4位がフォルクスワーゲンのビートルです。それぞれが20世紀のなかで大きな役割を果たしてきた乗用車です。そして5位がポルシェ911ですが、これはもう説明の必要がないほど、優れたグランドツアラーですし、スポーツカーとしても高速移動手段として見ても万能車です。

LECTURE 04 20世紀のクルマはT型フォード

最終的にT型フォードが選ばれた理由はこうでした。要約すると、『(自動車としては）世界最初の近代的流れ作業による量産効果によって、初めて可能となった驚異的な低価格で、堅牢無比な実用車を、初めて世界の大衆に提供したこと』とあります。

T型フォードが普及したことによって、国土がとても広いアメリカが狭くなったといわれています。T型フォードが安くたくさん造られたことで、人の行動半径が広くなって、自由に移動できるようになったから、国は狭くなったというわけです。それまでにも、鉄道網が整備されてきましたが、集団ではなく、個人単

○T型フォードの姿
エンジンは、水冷直列4気筒3ベアリング、サイドバルブ。ボア×ストロークが95・2×101㎜（3・75×4インチ）の排気量2896cc。公称出力は20HP／1500rpm、最大トルクは11・3kgm／1000rpm。ギアボックスは、遊星歯車式の前進2段・後進1段の半自動式。当時のクルマはギアチェンジが難しく、それがクルマの普及を妨げる原因のひとつでもあったが、フォードは、操作がごく簡単で初心者にも運転が楽なギアボックスを開発した。

○T型フォードの生産台数と価格
T型フォードについてよく語られるのは、大量生産と年々引き下げられた価格だ。通年生産が始まった1909年の年間生産台数は1万607台だが、1911年（イギリスでの組立開始）には約3万4500台に増加。ハイランドパーク工場が

位の自由な移動手段として、クルマが活躍したわけです。それによって、「政治的・経済的にも、各州の結びつきを強固にして、ここに初めてアメリカは名実ともにひとつの国になった」そう言い切っている歴史研究者もいるくらいです。

T型はアメリカ人の生活を変えましたが、全世界へ輸出され、その国の文化も変えていきました。イギリスやオーストラリア、日本でも横浜に組み立て工場を建設し、その国の道路事情や使われ方に合ったT型を生産しました。まさに、グローバルカーの先駆けだったのですね。

ご存じのとおり、T型は１９０８年から19年間にわたって生産され、総計で１５００万７０３３台が造られました。この記録は、ＶＷビートルによって抜かれるまでT型が持っていた量産記録でした。

さっきT型フォードが日本でも造られていたとお話ししましたが、それだけでなく、T型が日本人とクルマの間の距離を縮める役割を果たしたことがありました。

大正12年、１９２３年に関東大震災が発生しました。東京中が壊滅的な被害を受けたことは、小学校でも習いましたよね。ここから先が、学校では教えてくれなかったことなんですが、当時の東京市は、壊滅状態となった都市の復興のために、アメリカからフォードTT型というT型のトラック仕様のシャシーを大量に緊急輸入しました。これに簡単な11人乗りのバスボディを架装して、公共交通機関にしたんですね。まだ、自動車なんて乗ったこともない人が多かったのですが、便利なものと重宝がられ、〝**円太郎バス**〟というニックネームで愛用したのです。

必勝

検定対策メモ

完成して流れ作業方式が始まった１９１３年には16万８２２０台と飛躍的に向上し、その後も年々増加を示し、23年には、１年間で２０５万５３０９台以上を生産し、これがピークとなった。大量生産体制によって価格の引き下げが続いた。１９１０年に９５０ドルであったモデルが、25年には２９０ドルと、発売時の約３分の１までになった。１９０８年から27年に生産を終えるまで、基本的には変わらず、１５００万７０３３台が生産された。

○円太郎バス

関東大震災によって壊滅状態に陥った都市の復興のため、東京市はフォードTT型シャシー８００台分を緊急輸入し、11人乗りのバスボディを架装して、１９２４（大正13）年１月から公共交通機関として供した。当

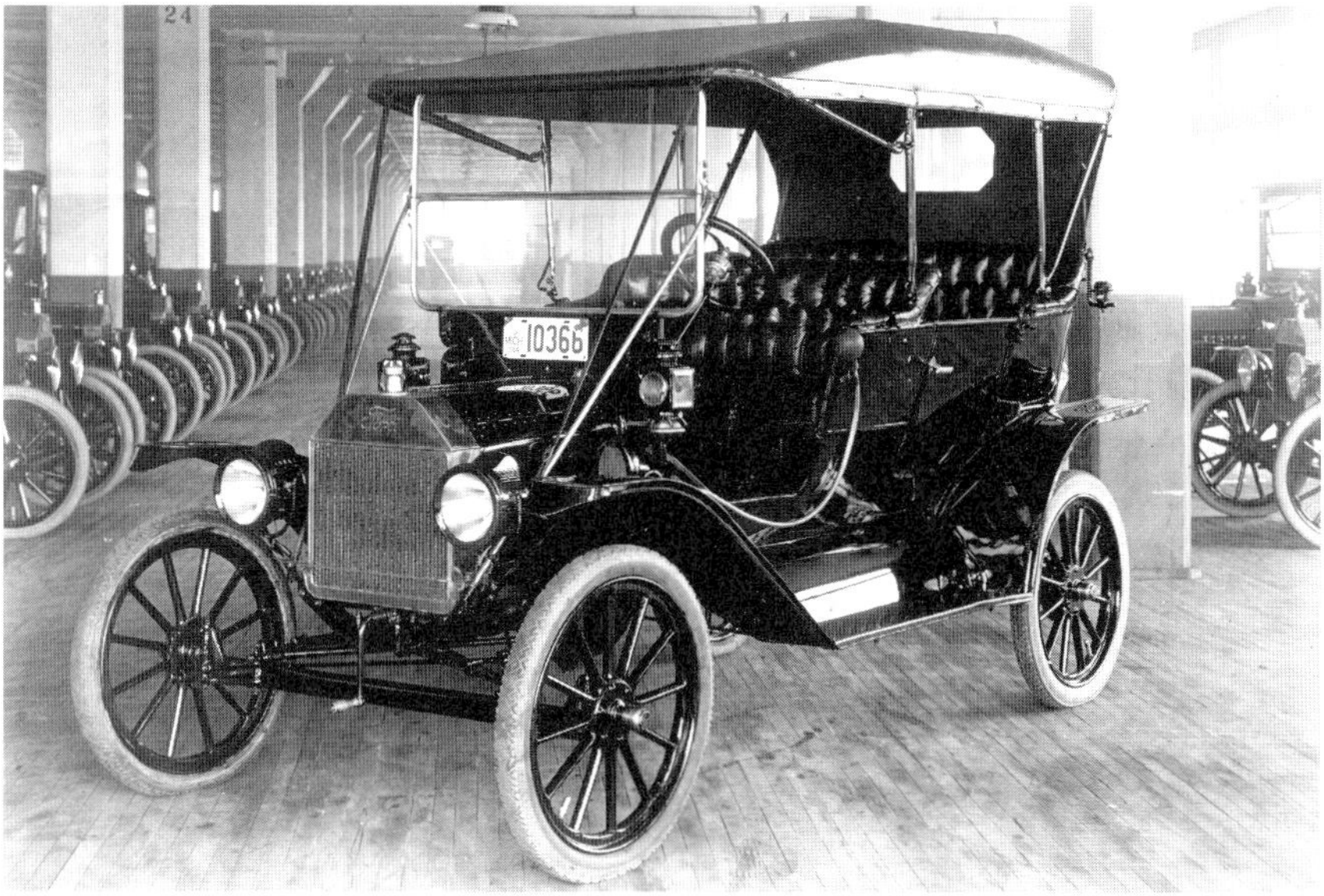

1908年T型フォード。有名な流れ作業による大量生産が始まるのは、1913年にハイランドパーク工場が完成してからだ。ヘンリー・フォードは金持ちのものだった自動車を安価で提供することで、大衆に普及させた。

円太郎バス。関東大震災によって破壊された路面電車の代わりとなって、庶民の足となった。人々のあいだに自動車の利便性を知らしめることになった。フォードが選ばれたのは、短期間に800台もの台数を安く供給できたことによる。

これが、現在の都バスの起源となるわけです。円太郎バスによって、日本でもクルマが市電や鉄道のように、庶民の乗り物として意識され、広く普及するきっかけとなったのです。

LECTURE 05 人類史上初めてのガソリンエンジン車

アメリカでT型フォードが成功するまでは、自動車の最大の先進国はフランスでした。ご存じのとおり、1886年にドイツのゴットリープ・ダイムラーとカール・ベンツそれぞれが自動車を造りました。

まず、ベンツが1885年に三輪車を造って、翌年に特許を取得し、その年にダイムラーとマイバッハが四輪車を造ります。ダイムラー・マイバッハ組は1885年にガソリンエンジンを搭載した二輪車を造っていますが、これは人類初のガソリン車ですが、二輪だったということで区別して考えています。

1886年に登場したその2台のクルマが、人類史上初めてのガソリンエンジンを搭載した自動車だと言われています。これはなぜ〝いわれている〟のかといいますと、フランスにはフランスなりの考えかたがあり、〝いや最初に自動車を造ったのは自分たちだ。ドイツの2台は実験ベースの車であって、乗用車を作ったのはフランス人が先だ〟と叫んでいたことがあるからです。

その考えにも一理あって、フランスのキューニョーが蒸気機関を使ったクルマ

必勝 検定対策メモ

時、東京市内の交通手段は路面電車が中心であったが、これが壊滅したことで、それに代わる交通手段として自動車が用いられることになった。これが現在の都バスの起源となる。「円太郎バス」とは、明治初期の落語家である4代目橘家円太郎に由来する愛称。

○カール・ベンツとゴットリープ・ダイムラー

カール・ベンツとゴットリープ・ダイムラーは、それぞれ別の場所で、独自に自動車開発を行なっていた。1885年にカール・ベンツが三輪自動車を完成、同じ年、ダイムラーはガソリンエンジンを搭載した二輪車を完成している。二人は別々に自動車会社を興し、数々の自動車を生産していくが、1926年に両社は合併し、ダイムラー・ベンツ社が組織された。

を走らせたのは、ガソリン車の誕生よりずっと以前のことですし、蒸気機関を使ったクルマが実用化されたのは、ガソリン車より以前のことでしたから、フランス人がドイツ人より先に自動車を造ったという話も頷けないわけではないのです。

でも、現代、私たちの周囲にあるクルマの祖先という視点で見ると、ダイムラーとベンツがそれぞれ造った2台なんですね。特許を取った時の正式な書面も残っています。仮に、今、街を走っているクルマが蒸気機関を使っているなら、話は別で、フランス人のキューニョーが先ということになると思います。

というわけで、人類初となるガソリンエンジン搭載の自動車を発明したのはカール・ベンツ、そしてゴットリープ・ダイムラーと**ヴィルヘルム・マイバッハ**というドイツ人なんです。

LECTURE 06 クルマ先進国の条件

フランス人はといえば、初めてクルマで〝遊んで〞います。遊んだというのは不適切かも知れませんが、歴史上、初めてレースをしたのはフランス人だったのです。

１８９５年に、パリとボルドーの間を往復する、およそ１２００㎞弱の〝パリ〜ボルドー〜パリ〞という**世界初の自動車レース**を開催しています。その前の年には、パリとルーアンの間で、〝機械の信頼性を競う競技会〞という、事実上はレー

○キューニョー
1769年（1771年との説もある）年に、フランスのニコラ・ジョゼフ・キューニョーが蒸気機関を用いた三輪車（前輪駆動車）を製作している。テスト中に城壁に衝突してしまい、実用化には至らなかったが、人の力や、馬や牛などの動物の力に頼らない機械的な動力源を持った自動車が実際に走行したのは、このキューニョーが考案した蒸気自動車が最初といわれている。

○ヴィルヘルム・マイバッハ
ゴットリープ・ダイムラーの協力者としてエンジンの開発にあたり、自動車の発明に寄与した。その後、1909年に独立してエンジン製造会社を興し、自動車や鉄道、飛行船のエンジンを生産、1920年から40年までは自動車の生産も行なった。マイバッハ社は1966年にダイムラー・ベンツの傘下に入り、

スなのですが、そうした名の走行会をやっていますが、95年は速さを競うレースでした。

1895年の史上初のレースにはガソリン車だけではなく、蒸気自動車も出場しましたが、ガソリン車が圧倒的な勝利を収めました。これは余談ですが、あのタイヤメーカーのミシュラン社を興した**ミシュラン兄弟**が、自分たちが製造する空気入りタイヤを履かせたクルマで走っています。

話を戻して、自動車生産を企業化し、公共の乗り物としたのはフランスです。先ほど話した通り、フォードがT型の大量生産を開始して、それが普及するまでは、自動車の最大の生産国はフランスでした。

なぜフランスがそんなに進んでいたかといいますと、ドイツもイギリスもクルマに冷淡だったからです。これについては、おもしろいエピソードがあります。ある時期まではドイツでは自動車は非合法の乗り物だったのです。たしか昼間の2時間しか公道を走ることを許されていませんでした。ドイツ人は自動車を発明したのに、走る場は実際にはなくて、道路を走れば警察に捕まってしまうという状況だったのです。

では、もう一つ自動車先進国といわれるイギリスはどうだったのでしょうか。イギリスも厳しい制限がありました。イギリスの場合はドイツとはちょっと事情がちがいまして、〝**赤旗法**〟という法律がありました。イギリスでは、車を運転するにあたって、3人で乗らなければいけなかったのです。運転手と釜焚き、これは運転助手なんですが、その2人に加えて、60ヤードというから約55m前を「後

必勝 検定対策メモ

69年には名称も消滅したが、2002年にはダイムラー・クライスラー（現ダイムラー）の乗用車最高ブランドの名称として復活した。

○世界初の自動車レース

1895年、世界初の自動車レース「パリ～ボルドー～パリ」が開催された。1180kmのコースで行なわれる純粋にスピードを競う自動車レースであった。優勝したのは、ダイムラー・エンジン付きのパナール・エ・ルヴァッソールをひとりで操縦したエミール・ルヴァッソールであった。その所要時間は48時間47分5秒（平均24km／h）だった。前年の1894年にはパリ～ルーアンの126kmで、「機械の信頼性を競う競技会」と名乗るイベントが開催されている。こちらは、相対的な速さを競わせるスピードレース

からクルマが来るぞ」と知らせるため、旗を持った人間をひとり走らせなければいけなかったのです。

不便この上ないですね。こんな面倒なことをしなければイギリスでは自動車に乗ることができなかったわけです。そのうえ、市街地は時速３・２㎞、郊外では時速６・４㎞に制限されていたから、これはどう考えても歩いたり、馬に乗ったりしたほうがよっぽどいいです。この法律は巨大でモクモクと煙をたなびかせながら走る蒸気自動車を敵視した馬車業者が、新たな乗り物に自分たちの仕事を奪われることを危惧するあまり、議員を巻き込んで作った法律です。おそらく政治家にたくさんの献金をしたのでしょう。ですから本来はガソリンエンジンを積んだ自動車が相手の法律ではなかったのです。

だんだんガソリン車が街に現れるようになると、こうしたガソリン車に真っ先に乗り始めたのは貴族だったり、有力者でしたから、彼らの圧力で、この悪法は１８９６年に廃止され、これでやっと自動車は大手を振ってイギリスの道を走れるようになったのです。このようにドイツでは非合法の乗り物、イギリスではこんな悪法がはびこっていましたので、フランスだけがちゃんと自動車を造れたわけです。そして当然、自動車先進国となったわけです。現在でも続いているＦ１グランプリの第１回目は**ＡＣＦグランプリ**という名前で、１９０６年に開かれています。場所はルマンです。ＡＣＦとはフランス自動車クラブのことで、世界初の自動車クラブで、１８９５年に史上初の自動車レースを開催したクラブが元になっています。イギリスに赤旗法があったころ、フランスではすでに公道を使っ

ではなく、信頼性や安全性、軽便性などを競った。

○ミシュラン兄弟
1895年の「パリ～ボルドー～パリ」には、エデュアールとアンドレのミシュラン兄弟がエントリーした〝エクレール〟というクルマが同行している。タイヤがまだ空気入りではなかったこの時代、兄弟は自ら製造する画期的な空気入りタイヤの普及のために走った。

○赤旗法
イギリスでは1830年代に入って蒸気自動車が実用化されると、これに危機感を抱いた馬車業者と関係者の働きによって、蒸気自動車の締め出しを図るべく1865年から全面施行された法律〝ロコモーティヴ・アクト〟、別名〝レッドフラッグ・アクト（赤旗法）〟をいう。自動車の進歩と普及を妨げていた悪法だ。

て、スピードを競うレースが始められていたことになります。イタリアでもＡＣＦグランプリと同じ１９０６年には、**タルガ・フローリオ**の第１回レースが開催されています。

赤旗法がなくなると、イギリス人としては、いつまでもフランスが1位であることを許しているわけにはいきませんので、追いつけ追い越せと、富豪が音頭をとって、楕円形に近い**ブルックランズ・サーキット**を作りました。１９０７年に完成した世界で初めてのクローズド・サーキットです。自動車レース場というよりも、どちらかといえば、高速テストコースとしての意味合いが強かったのです。イギリスの自動車産業は、先進国のフランスに比べて遙かに遅れを取っていた、もっとキツイいい方をすれば、なきに等しかったのですから。〝赤旗法〟がなくなってから、猛烈な勢いで動き始めるのです。

ブルックランズでは、もちろんレースもしますし、速度記録会も行うし、高速に耐える自動車の開発も行なわれるのです。

これは余談ですが、ブルックランズの〝こけら落とし〟イベントに行われたレースのひとつ、〝30マイル・モンタギュー・カップ〟では、フィアットに乗る**大倉喜七郎**という25歳の日本人青年が2位に入賞しています。この方は、大倉組の創始者の大倉喜八郎男爵の子息で、１９００年からイギリスのケンブリッジ大学に留学していて、大学の寮でドイツ人の留学生から日本には自動車なんてないだろうと言われたそうです。それならばと、フィアットのＡＣＦグランプリ優勝車と同じものを買い込んで練習し、2位に入賞するのです。大倉喜七郎さんの名前は、

必勝

検定対策メモ

○ＡＣＦグランプリ
１９０６年6月26日、ＡＣＦ（フランス自動車クラブ）ＧＰが開催された。これがグランプリと名乗った初めての自動車レース。場所は公道を閉鎖したルマン・サーキット（現在の24時間レースが行なわれているコースと一部重複）。優勝はシジズがドライブするルノー９０ＣＶだった。エンジンは4気筒の1万２９７５㏄で、１０５hp／１２００rpm。

○タルガ・フローリオ
イタリアのシチリア島で行なわれた公道レース。島の有力者であったヴィンツェンツォ・フローリオの主催によるシチリア観光イベント「シチリアの春」の一環として、１９０６年に開催された。

日本人初のレーシングドライバーとして記録されているそうです。

LECTURE 00

3台に1台がT型

ではアメリカはどうだったかといいますと、フォードがT型を大量生産するまでは、やはり自動車というのはヨーロッパから来た、金持ち中心の遊び道具にすぎなかったわけです。1901年には、**オールズモビルがカーブドダッシュ**という小型車の生産に乗り出して、これがアメリカで初めての量産車になるのですが、量産といっても、1901年に造られた数が、資料によると425台ですから、広いアメリカに浸透するようなものではないですね。でも、650ドルで販売されたこのオールズモビル・カーブドダッシュは、〝In My Merry Oldsmobile〟という大ヒットソングにまで歌われるほどの存在だったのですが。

生産台数の話が出てきたので、披露しておきますと、ベンツの小型車の**ヴェロ**は、1894年から98年までの5年間に1200台を造っていますし、フランスの**ド・ディオン・ブートン**も1年半で1500台を造っていました。量産されたといってもこの規模です。

話をアメリカに戻しますが、ヨーロッパとは比較にならないほど国が広いですから、個人単位の移動手段であるクルマが発達できる土壌はあったといえます。

問題はすべて価格でした。庶民のための足になるわけですから、安くしなけれ

○**ブルックランズ・サーキット** 1907年にイギリスで完成した超高速サーキット兼テストコースの名称。世界初のクローズドサーキットで、ほぼ楕円形で大小2つのバンクが直線路を繋いでいる。

○**大倉喜七郎** 帰国後には、ホテル・オークラを開業した。

○**オールズモビル・カーブドダッシュ** アメリカで初めての大量生産による大衆車だった。1901年に425台生産されている。「カーブドダッシュ」の名の由来は、ダッシュボードがカーブしていることにある。

○**ベンツ・ヴェロ** 単気筒1050cc、1.5hp/700rpmのエンジンを座席後方の下に装備した小型車。〝ヴェロ〟はフランス語で自転車のことで、自転車のように手軽に使

大量生産による大衆車、オールズモビル・カーブドダッシュ。その名の由来となった、曲がったダッシュボードの形状がよく分かる。ダッシュボードとは、馬車に備わる御者が足を踏ん張る板のことだ。

ばなりません。同時に大量に供給できないといけません。この両方がそろって、皆さんご承知のとおり、大量生産による価格の引き下げというサイクルが機能して、1908年にデビューしたT型フォードが成功するわけです。

チャプリンの有名な映画の「モダン・タイムズ」で揶揄されていましたが、ライン生産による大量生産に乗り出したことで、T型の値段は大幅に下落し、それに応じて車の恩恵に与る人々は一気に増えていきます。

ライン生産を効率よくするため、労働者がそれほど熟練していなくとも、指示された通りに、部品を指定の場所に組み付ければ良いようにしました。そのためにはひとつひとつの**部品が標準化**され

必勝

検定対策メモ

える軽快なクルマという意味。女性にも扱い易いところから1898年までに約1200台が造られ、世界初の量産車となった。

○ド・ディオン・ブートン

フランスのド・ディオン・ブートンは蒸気自動車からガソリン車に転向し、1900年の1月から翌01年4月までに1500台の自動車と数百基のエンジンを販売、世界で第1位のメーカーとなった。サスペンションのド・ディオン・アクスルは、同社が考案したものだ。

○部品の標準化

大量生産を行うには、部品の標準化が必須。クルマでは、1908年にアメリカのキャデラックが部品の標準化を成し遂げた。

ベンツ・ヴェロ。“ヴェロ”はフランス語で自転車のことで、自転車のように手軽に使える軽快な車、という意味。世界初の量産車だ。

1908年のフォード・モデルTの流れ作業の生産ライン。新工場が完成すると、さらに大がかりな流れ作業が始まった。

ていなければいけません。この標準化ということについては、ヨーロッパより先にアメリカが踏み込んでいた領域です。自動車について言えば、キャデラックが既に部品の標準化を行なっていて、大量生産のための前提がアメリカにはあったのです。

　ヘンリー・フォードは、T型を発表する1年前に、ミシガン州ハイランド・パークに広大な土地を手に入れ、近代的な大工場を建設しはじめました。もちろん大量生産を意図したもので、１９１３年に本格的なコンベアラインが操業を始めると、１日あたりの生産は１０００台へと一挙に増え、この年だけでおよそ16万８０００台を生産しています。あとは、ドンドン増えていくだけです。１９１４年8月からの１年間で30万台、15年には約53万４０００台、16年には75万台でしたが、まだまだ増えていき、ピークになった23年には２０５万５０００台も生産したのです。

　当時のアメリカの道路状況を考えると、クルマに乗っていて、前のクルマを抜いても抜いても前はT型であり、一日にすれ違う車の3台に1台はT型だったといわれています。

　１９２１年に累計生産が５００万台を超えていますが、その年にアメリカで生産されたクルマの55・45%がT型という、考えられないほどの市場独占率でした。累計５００万台から累計生産１０００万台までは3年で達成してしまうのですから、これから見ても、アメリカ中にクルマが浸透していった様子が分かります。もちろん大量生産によって、価格はドンドン引き下げられていきました。例を挙

必勝

検定対策メモ

ヘンリー・フォード（Henry Ford、1863～1947年）

フォード・モーターの創始者。自動車を大衆に普及させた。流れ作業による大量生産によって、価格の引き下げを実現し、販売台数を飛躍的に増やした。友人のトーマス・エジソンの照明会社でチーフ・エンジニアを務めていた1896年に、フォードは自作の四輪自動車の製作に成功。その後、自ら会社を設立して自動車生産に乗り出す。1903年6月に自身にとって三番目の会社となるフォード・モーター・カンパニーを創設し、大成功した。技術を重視する頑なともいえる性格で事業に邁進し、自動車王となるが、その頑固さはやがて会社の柔軟さや競争力を妨げ、GMとの勝負に敗れることになった。

げれば、1908年に850ドルで発売された4ドア4座のツーリングカーは、1925年には290ドルまで下がり、さらに安い2座のラナバウトは265ドルで買うことができたのです。そのぶん、ある時期からはボディの塗色は黒だけになるのですが。

T型フォードについて忘れてはならないことが、あと二つあります。

まず、〝安かろう悪かろう〟という粗悪なものではなかったことです。安い価格の大衆車でしたが、簡潔で要領よく、そして優れた設計が施されていました。無駄なものは一切備えませんでしたが、代わりに品質を向上させるためには、高価な材料も使われています。主要部分には、その頃イギリスで発明されたばかりの、バナジウム鋼が使われていました。通常のスチールと比べ、3倍の抗張力を持ちながら、耐摩耗性や耐食性に優れ、それでいて、高速の切削加工が可能というバナジウム鋼を採用したことで、高い信頼性と生産性を両立したのです。

次が扱いやすさです。ヘンリー・フォードは、T型を誰にでも運転しやすいように設計しました。例をあげれば、変速機を扱いやすいように工夫したのです。T型ではフォードが独自開発した、現代のオートマチックに似た2段式型の変速機を採用して、女性や老人にも運転しやすくしたのです。

信頼性が高く、価格が安く、そして誰にでも使いやすいクルマ。それがいつの世でも、大衆車に求められる三つの必須条件だと思います。フォード・モデルTは、その先駆けだったのです。

LECTURE 08

成功した大衆車、VWビートルとミニ

カー・オブ・ザ・センチュリーで2位になったのがBMCのミニです。

このクルマも小型車の革命と評価されていることは、ご承知だと思います。4位は、これまた大衆車の鏡のようなフォルクスワーゲンの「ビートル」と呼ばれているモデルです。どちらも、それ以降の大衆車設計に大きな影響を与えた、マイルストーンのような存在です。ミニが出現するまえのヨーロッパの大衆自動車の状況を見ると、ビートルを筆頭とした、後輪駆動のリアエンジンの車が主流でしたが、ミニの成功を転機として、前輪駆動が主流になっていきます。ここで、これら2台のことを話したいと思います。

1933年のベルリン・モーターショーで、アドルフ・ヒトラーが国民に買いやすい価格の自家用車を与えることを明らかにしています。人気取りの政策と言われています。この政策に沿うかたちで、長年、大衆車を造りたいと思い続けてきたポルシェ博士が設計にあたったのがビートルです。

ポルシェ博士には、生涯に叶えたい3つの夢があったと言われています。これは彼の著書にも書かれていますが、その3つとは優れた小型大衆車、優れたレーシングカー、そして、優れた農業用トラクターの製作ですが、これらはメルセデスのスポーツカーやアウトウニオンのグランプリカー、そしてポルシェ・トラクターで実現されます。

必勝 **検定対策メモ**

○フォルクスワーゲン

KdFは、ドイツの敗戦後にイギリスの管理下でVWタイプ1（ビートル）として本格的な生産が始まった。ビートルは、1938年の生産開始以来、2003年まで生産が続き、四輪自動車としてはT型フォードを抜き、当時世界最多となる2152万9464台を生産した。

○KdF

1933年のベルリン・モーターショーで、ヒトラーはアウトバーン建設と国民にクルマを持たせることを約束。その設計と開発を、かねてから国民車作りを計画していたポルシェ博士に委託した。1937年には、生産会社のドイツ国産車開発有限会社（フォルクスワーゲンの前身）が設立される。1938年にヒトラーはこの国民車を

1938年に生産を開始したKdFワーゲン。実際はヒトラーとの約束を信じて積み立て貯金に励んでいた庶民の手に渡ることはなく、その工場ではこれをベースにした軍用車が造られた。

ポルシェ博士は、この夢のひとつで、長年にわたって温めていた小型大衆車の計画を、政府の政策に乗じて実現することにしたのです。

フォルクスワーゲンもT型フォードの成功と同様に、単一車種を大量に生産することで安価に提供することを実現しようとしていました。

いわば国策で計画されたクルマですから、コストは度外視していたといえますし、ドイツ軍の兵士によって耐久テストが行なわれました。KdFと名付けられ、これを欲しいと考えた国民は毎月積み立て貯金をして、ある年月を過ぎれば、クルマが手に入ることになっていました。

１９３８年には生産型のプロト

KdF-Wagen（Kraft durch Freude：歓喜力行団の車）と名付けた。しかし、この国民車計画は軍備増強によって事実上反故にされた。

○アウトバーン　ドイツ語で「自動車道路」の意味。ドイツの各都市を結ぶ高速道路網は１９２０年代から計画され、ヒトラー政権時代の１９３３年以降に大幅に建設が進んだ。１９２３年に開通したイタリアのアウトストラーダとともに本格的な近代高速道路の始まりとされる。

タイプが造られ、実際のテストが行なわれたのは第二次世界大戦の前です。けれども、これが国民の手に渡ることはありませんでした。生産ラインでは軍用車が造られるだけで、国民がせっせと貯金をしていても、その費用は戦費に使われるばかりで、国民の手に車のかたちとして渡ることはありませんでした。

しかし、フォルクスワーゲンは戦後のドイツを支える存在になります。なぜかといえば、第二次大戦でドイツが負けると、イギリス、アメリカ、フランス、ロシアによって戦後処理が話し合われたのですが、この話し合いで、フォルクスワーゲンの工場は何の価値もない、クルマもダメ、ガラクタを造る工場だとして評価されました。

その評価を下したのは実はアメリカのフォード・モーターなんですが、イギリスのオースチンなども含め、どこの会社もこの生産設備一式、および工場を引き取ろうとはしなかったのです。

結果として、戦争で疲弊した敗戦国のドイツにこのクルマの権利が戻ってくることになります。

LECTURE 09 アメリカの車社会を変えたビートル

このように事実上、戦後になってからフォルクスワーゲンの歴史が始まるといっても過言ではないのです。ビートルが優れたクルマだと信じた人は見る目が

必勝 検定対策メモ

あったわけです。最初は、大方の人の目に奇妙に映るこのクルマを売るには、たいへんな努力が必要だったのですが、たゆまぬマーケティングと、開発が進んでゆくんですね。

戦後間もない時期の自動車産業にとって、もっとも魅力的なマーケットはアメリカでした。お金がありましたから、何でも売れたのです。

アメリカのフォードに、価値のないクルマのように言われたフォルクスワーゲンも、アメリカ市場に輸出されていきます。

言うまでもなく、それまでアメリカでは、サイズが大きく、大きな排気量のガソリンをたくさん食うクルマが一般的でしたから、フォルクスワーゲンのように小さなクルマは、最初、おもちゃのように見られたらしいのです。ところが、実際に乗ってみると、セカンドカーであったり、サードカーであったり、あるいはファーストカーとしてでも使いやすいということにアメリカ人が気づくようになりました。

ビートルという製品が優れていたことはもちろん疑う余地もないですが、全米にビートルという未知のクルマの存在を植え付けることに貢献したのは、広告戦略でした。ＤＤＢという広告会社が手掛けた、知的な**広告キャンペーン**の力が大きかったのです。いかにフォルクスワーゲンが優れたものであるかということを、ユーモアも交えて、新聞や雑誌に告知をしていった広告キャンペーンは、どれも優れたものばかりです。なかでも、小さなことが決して惨めなことではなく、知的で賢い選択であることを訴えた「Think small」キャンペーンは秀逸でした。

○フォルクスワーゲン・ビートル広告キャンペーン
ＶＷビートルはアメリカで大成功を収めたが、その背景には、小型車の価値を前面に打ち出した広告戦略があった。巨大なアメリカ車を前に、新しい価値を提案するキャッチコピーは「Think Small」だ。広告代理店のＤＤＢ社が制作した。写真は「Think Small」と並んで有名な「Lemon（不良品）」と題した広告。クロームのメッキが剥げていたから出荷されなかったと、ＶＷの品質検査が厳しいことを謳っている。

そうして知名度を上げ、全米に構築されたきめ細かな販売とサービス・ネットワークが顧客をサポートしたのです。

アメリカのビッグスリーは、アメリカ流の大型車に傾注しており、フォルクスワーゲンの輸入が始まっても、眼中になかったのです。無視していたんですね。

ところが、東部の知識階級から始まったフォルクスワーゲンの静かなブームは、やがて全米に広がっていき、たくさんの台数が売れるようになっていくのです。

さすがのアメリカのメーカーも黙って見ているわけにはいかなくなり、慌ててフォルクスワーゲン対策として、小さな車を造るようになるのです。彼らは、フォルクスワーゲンなんて簡単に〝追っ払う〟ことができると思ったらしいのですが、ことごとく失敗します。

それらは、まるでフルサイズのアメリカ車を縮小コピーにかけて小さくしたようなクルマでしたから、小型車としての機能はたいしたことがないし、なによりフォルクスワーゲンのように存在感がなく、顧客に対してアピールしなかったのです。

フォルクスワーゲンは、形をかえぬまま、ずっとそのまま生産されていたとよく言われますけれど、毎年同じような形のなかで改良を重ねていきました。むかし、シボレーがT型フォードの息の根を止めたとき以来のいわゆる〝計画された陳腐化〟、つまり、〝見てくれだけ変えれば機構を変えなくても売れる〟という商売のセオリーとは反していたわけです。

必勝

検定対策メモ

アメリカに向けて続々と船積みされるビートル。その成功によってアメリカ人の車に対する価値観を大きく変えた。また、輸出によってドイツの戦後復興に大きく貢献した。

フォルクスワーゲンが成功したことでアメリカのメーカーは大変な打撃を受けます。彼らが全くフォルクスワーゲンに対する対策をとっていなかったことは事実ですが、フォルクスワーゲンによってアメリカの自動車マーケットの考えが変わり、大きければ良い、立派ならいいという考え方が壊れていったのです。アメリカの自動車メーカーは、このマーケットの動きに俊敏に反応することができずに、大きな打撃を受けるのです。

こうしてフォルクスワーゲンが構築したアメリカにおける小型車の確固たるマーケットを、ビートルが衰退したあとに引き継ぐのが、他でもない日本車なのです。アメリカから始まった排ガス規制や、**1973年に勃発した石油危**

○1973年の石油危機
第四次中東戦争が勃発し、1973年10月17日、OPEC（石油輸出国機構）に属するペルシャ湾岸の6カ国が、原油価格の15%引き上げを一方的に通告。さらに、同日、OAPEC（アラブ石油輸出国機構）10カ国が原油生産を5%削減すると発表すると、サウジアラビアの国営石油会社は日本に対して原油価格の70%引き上げを通告。国際石油資本のメジャーに対しても原油積み出し価格の30%値上げや10%の供給削減が通告され、世界は第一次石油危機へと突入していった。日本でも店頭からトイレットペーパーが姿を消すなど、大パニックが起きた。

○ミニ（モーリス・ミニ・マイナーとオースティン・セヴン）
1959年に登場したモーリス・ミニ・マイナーとオースティン・セヴンは、大ヒットし、間もなく人々は「ミニ」と呼ぶようになり、メーカーのBMCも

機をきっかけに高まった燃費規制などの問題に対して、日本車のメーカーが必死で対策を講じたのが功を奏したのです。ちょうどその時期が、日本車の成長期に合致していたのが、なによりよかったのです。

　たとえば、まだ、日本の自動車メーカーがよちよち歩きをしていた、戦後間もない時期であったなら、日本の自動車産業に未来はなかったかもしれません。

LECTURE 10 リアエンジンから前輪駆動へ

　リアエンジンのフォルクスワーゲンが大成功したことに触発されたのでしょう、フィアットやルノーといった、ヨーロッパの主要小型車メーカーも、リアエンジンで小型車を造り始めます。実際、この時期には、効率のいい小型大衆車を造ろうとすれば、リアエンジンは最良の選択でしたから、ビートルと結びつけるのはいささか乱暴かもしれませんが。でも、大なり小なり、なにかしらの影響を受けたのは事実でしょう。

　フィアット６００からはさらに小さい**ヌォーヴァ５００**が生まれます。**ルノー４ＣＶ**は戦前から計画されていましたが、これもリアエンジンです。日本のスバル３６０もリアエンジンですね。失敗しますがアメリカでは、シボレーもビートルに倣って水平対向エンジンを搭載したリアエンジンの小型車の**コーヴェア**を造ります。

必勝 検定対策メモ

「ミニ」と車名を改めた。ミニチュアという単語を短縮した「ミニ」という言葉も独り立ちし、世界中に広まっていった。

○フィアット・ヌォーヴァ500
イタリア語で500を意味するチンクエチェントの名で親しまれている小型車。設計はダンテ・ジアコーサ。空冷2気筒の479㏄エンジンをリアに搭載している。想定された顧客は、クルマが持てずにスクーターで我慢していた大衆で、1957年に発売されるとたちまち大ヒットとなった。

○ルノー4CV
1946年のパリ・サロンで発表されたルノーの小型大衆車。水冷4気筒OHVの760㏄（1951年から748㏄）エンジンをリアに搭載していた。

フィアット・ヌォーヴァ 500。大成功したフィアット600の下位に位置するモデルで、庶民の足として大ヒットし、国土を埋め尽くしたとも表現された。

戦後の荒廃したフランスで大ヒットしたルノー 4CV。

シボレー・コーヴェア。アメリカがコンパクトカーブームに沸く1960年に、フォードのファルコンやクライスラーのプリマス・ヴァリアントと時を同じくして登場した。

そして1959年。イギリスのBMCが世に出した小型車が、横置きエンジンによる前輪駆動レイアウトを持っていたことで、事態は大きく変わり始めます。それがミニ、発売当時の名称では、モーリス・ミニ・マイナーと、オースティン・セヴンです。

ミニの設計者である**アレック・イシゴニス**に課せられた命題は、今風に言えば、「省燃費のクルマ」です。

1956年9月に**スエズ動乱**が起こるのですが、これによって、イギリスに入る石油の量が大幅に制限されてしまい、石油危機が勃発するのです。

そこで、一刻も早く省エネルギーのクルマが求められたのです。

必勝

検定対策メモ

フランスで好調な売れ行きを示した4CVは、欧州各地のみならず、北米でも販売された。1961年7月にまでに110万台以上が生産された。日本でも、1953（昭和28）年から日野自動車がライセンス生産し、日野ルノーの名で販売された。

○シボレー・コーヴェア

VWビートルのヒットが火を付けたアメリカのコンパクトカーブームの渦中にGMが投じた小型車で、1960年に登場した。最大の特徴はアメリカ車としては異端なリアエンジンであることだ。これはVWの成功にヒントを得ていることは明らかで、エンジンも専用設計の空冷式水平対向アルミブロックの6気筒であった。だが、その操縦性が、一般的な前エンジン、後輪駆動のアメリカ車に慣れたユーザーにとっては危険だとして、ラル

イシゴニスは、すでにモーリス・マイナーという優れた小型車を手掛けた技術者でした。このマイナーはフロント・エンジン／後輪駆動という、当時の標準的なレイアウトを持つクルマでしたが、彼が優れていたのは、成功作であるマイナーをそのまま焼き直すのではなく、まったく新しい設計に挑戦したことです。すなわち、省エネルギーのための方法として、小型軽量のクルマを作ることを目標として、できるだけ小さな外寸としながら、乗用車として不可欠である大きな室内を確保するということです。

省資源という言葉がいつ頃からあったかは分かりませんが、少ない燃費、すなわち最小限の維持費で（これには信頼性も含まれますが）、使い勝手がよく、快適であることが求められます。フォルクスワーゲンも、フィアット600も、古くはT型フォードも同様でしょう。

イシゴニスはそうした小型大衆車の必須条件を考慮して、横置きエンジンによる前輪駆動を開発したわけです。

1959年当時は、それが極めて先進的なものでしたが、次第にミニの思想が受け入れられ、小型車の設計に大きな影響を及ぼすことになるのです。

忘れてならないのは、影響は設計だけにとどまらず〝ミニチュア〟という単語の短縮形である〝ミニ〟という言葉が、その後一人歩きして、たとえば〝ミニスカート〟などの新しい言葉を生んだことです。もちろん本家のBMCも、モーリス・ミニと、オースティン・ミニに名を変えます。

ミニのような横置きエンジンによる前輪駆動の小型車は、その後の日本でも

フ・ネーダーに欠陥車として槍玉に挙げられたことで販売は低迷し、66年モデルで終焉を迎えた。

○アレック・イシゴニス
1906年11月18日～88年10月2日。モーリス・マイナー（1948年）やBMCミニ（1959年）の設計者。1971年にBLMCを退職し、技術コンサルタントとなった。

○スエズ動乱
1956年にエジプトの国民的英雄であったナセルが、英国の支配下にあったスエズ運河の国有化を宣言した。この事件が引き金となって石油危機が起こり、これに反応した西欧諸国からは、燃料消費量の少ない超小型車が望まれた。

ミニは小型車の革命と評されている。最小限のサイズに最大限の車内空間を得ようとした結果、設計者のイシゴニスはかねてから温めていた、横置きエンジンによる前輪駆動方式を採用した。発売当初はモーリス・ミニ・マイナーとオースティン・セヴンと呼ばれた。

設計者のアレック・イシゴニスとミニ。保存されている第1号車とともに、生産が273万台を超えた際に撮影。

続々と生まれ、小型車の標準となるのです。実際には、同じエンジン横置きでも、方式はミニを作ったイシゴニス方式と、フィアットの設計者の名前から、**ジアコーサ方式**があるのですが、その違いについては別の機会に（脚注を参照）。

LECTURE 11

トヨペット・クラウンとスバル360

日本の車についても話を進めてみましょう。先ほどのスエズ動乱のそのちょっと前、1955年に**クラウンのRS型**が発売になりました。日産や日野、いすゞが海外のメーカーと技術提携して、戦争で遅れていたクルマ作りをアップデートするのですが、トヨタはその道を選びませんでした。クラウンはトヨタの技術者が独力で完成させた、日本車として初めての戦後型のクルマです。道路の舗装比率が低く、法人使用が多いという日本の国情に合わせた優れたクルマでした。

クラウンが生まれたこの年には、ご存じの方もおられると思いますが、当時の通産省が「**国民車構想**」を発表しています。ちょっと簡単にみていきますと、最高速度100km/h、4人乗り、25万円以下、350〜500ccで、1リッターのガソリンで30km走ることとありましたが、これはちょっと、現在の技術でもハイブリッド車でもなければ、まず不可能ですね。

これに対して、「**国産車育成無用論**」というのがありました。幼稚な日本車をつくっても日本の国益にはならないので、好きなところから車を輸入して済ませ

○**ジアコーサ方式**
フィアットのダンテ・ジアコーサが前輪駆動車に採用したシステム。横置き式エンジンとギアボックスを一直線上に配置し、デフをギアボックスの後ろに配するもので、フロントエンジン・リアドライブ用のエンジンとギアボックスが使用できた。これに対し、イシゴニスがミニに採用したシステムでは、エンジンの下部にギアボックスを配置している。ジアコーサ方式が現代の横置きFWD車の主流となっている。

○**国民車構想**
1955（昭和30）年、通産省（当時）の担当者であった川原晃重工業局自動車課技官らがまとめた国民車育成要綱（案）のこと。これは、当時の日本の経済や産業状況を考えれば時期尚早だったが、これにより、庶民には「マイカーを持つこと」が将来の夢になった。また自動車会社も「国民車」を意識したクルマの開発

1958年に誕生した富士重工のスバル360は、国民車構想に沿って登場した大衆車のうちの1台だ。航空機生産の経験で培ったモノコック構造などの高い技術を投入して、精緻なパッケージングと徹底した軽量化を成し遂げた。4輪独立懸架による優れた乗り心地や、4人の大人が楽に乗車でき、ライバルを遙かに凌ぐ完成度だった。発売当時の価格は42万5000円（大学卒業者の初任給は1万2000円）。

1955年1月に発表されたクラウンRS。水冷4気筒OHVエンジンは、当時の小型車（5ナンバー）枠一杯の1458ccで、48ps／4000rpmを発生。観音開きのドアが特徴。日本の乗用車としては初の工作機械プレスによる本格的な量産が行なわれた。日本の道路事情にマッチした設計を持ち、裕福な個人オーナーのほか社用や公用車としても使われた。

れば良いと。これは主にアメリカのことを言っているのですが、輸入すればいくらでもよい車はあるではないかと。これは日本の財界人にそういった考えの方がおられました。（結果的に自動車生産国として日本は成長を遂げることになります。）

　その頃、国民車を作ろうと考えるメーカーも、もちろんありました。そのなかで、最も優れていたのが**スバル３６０**です。

　第二次大戦後、多くの工業国でそれまで兵器産業、航空機産業をしていた会社が一夜にして仕事をなくして、飛行機はもう作れない、じゃあ自動車を造ろう、という例がいくつもありました。

　スバルは富士重工ですが、もと中島飛行機で、たいへん優れた技術を持った技術者たちが、それこそ総力を挙げて造ったクルマでした。日本で、国民車育成のかけ声から生まれた中ではこれと**パブリカ**がもっとも優れた、日本の自動車史に残る車だといわれています。このスバルはリアエンジン世代の最後の優れたクルマの一つにあげられています。

LECTURE 12
排ガス規制と石油危機

　先ほど省資源という話をしましたけれども、１９７３年に、オイルショックが起こります。これは、世界中の自動車地図を塗り替えるような大変な事件でした。

が課題となった。庶民とクルマの距離を近づけたといえよう。

○国産車育成無用論
日本ではまだ乗用車技術が確立しておらず、また乗用車が一般に普及もしていなかった。戦前はフォード、GMの両社で小さな日本市場が席巻されていたこともあり、安くて丈夫な乗用車といえば、アメリカ車というのが一般的認識だった。こうした背景から、「乗用車の工場を国内に建設しても成り立たない。先進国から乗用車は輸入し、国内ではトラック生産に専念して国際分業するべき」という考え。

○トヨタ・パブリカ
1961年に登場したパブリカも国民車構想に沿ったクルマであった。専用設計の空冷4ストローク水平対向2気筒エンジンを開発するなど、最初から大衆向け実用車としての極めて合理的な手法を用い、技術的にもスタイリング面においても極めて

それより少し前、１９７０年には、アメリカで排ガス規制の**マスキー法**が可決されています。ここから先、アメリカでクルマを売ろうという会社は、当時、実現不可能とまでいわれた厳しい排ガス規制を解決しなければならなかったのです。

ちょうどその頃、アメリカの自動車社会もビートルに代わる小型車を求めていましたし、世界を見渡しても、省エネルギーの小型車を求めていたんですね。ヨーロッパはもともと小型車を得意としていましたからいいとして、アメリカでの小型車需要は日に日に高まって行きました。その時期にアメリカ市場にだんだん台頭してくるのが日本車です。

１９６７年にカリフォルニアで排ガスによる大気汚染が深刻化します。そこで、１９７０年には、当時、世界で最も厳しい排ガス規制のマスキー法が制定されます。これは当時の自動車技術ではまったくクリアすることが不可能といわれた厳しいものでした。

みなさん、よくご存知のとおり、１９７５年になりますと、ホンダがマスキー法を独自の**ＣＶＣＣエンジン搭載車**でクリアします。

１９７２年のころまでは、排ガスさえ綺麗ならば多少燃費が悪くても目をつぶるという状況でした。

マツダのロータリー・エンジンを使った排ガス処理技術はたいへん優れていて、このマスキー法を見事クリアします。

ところが、１９７３年10月に勃発した中東戦争が引き金となって、石油危機が

必勝 **検定対策メモ**

優れていた。７００cc、28psの小排気量エンジンながら、大人４人が余裕を持って長距離を移動できる車室と充分な装備、軽快な走行性を備えていた。トヨタは発売にあたって車名の一般公募を行ない、PublicとCarの合成語であるパブリカと命名、38万９０００円という低価格を付けた。ところが、合理的なパブリカは、高級志向が強まりはじめた市場の嗜好とは合致せず、商業的には成功しなかった。１９６６年には８００ccへと排気量を拡大している。

○マスキー法

マスキー法（Muskie Act）は、アメリカで１９７０年12月に改定された大気汚染防止のための法律の通称名。エドムンド・マスキー上院議員が提案した。１９７５年以降に製造する自動車の排出ガス中の一酸化炭素

世界を襲います。これで、排ガスが綺麗であっても燃費の悪いクルマは市場では受け入れられなくなります。

日本の企業は排ガス削減と省燃費という、相反する課題に挑戦することで、力を蓄え、大きく躍進するのです。排ガス削減と省燃費が相反するといいましたが、これは現在の視点では間違っているように思えますが、当時は相反する課題でした。

これを解決したことで、日本車が急遽、世界の勢力図を塗り替えていくのです。クルマには、その社会の状況が大きく反映されていることが分かります。ですから、クルマついて知ることは、その時代の様子を知ることから始まるのです。

LECTURE 13
国際商品としてのクルマ

現在では、クルマは自国だけでなく、海外のマーケットでも通用する国際商品として開発が進められるようになりましたが、以前は、まず自国のマーケットに合わせたクルマが造られました。フォルクスワーゲンは第二次大戦が始まる以前に、当時のドイツを率いていたヒトラーによって計画された高速道路網のアウトバーンでの連続高速走行を意図していましたし、１９５９年に石油危機が襲うイギリスで誕生したミニも、イギリスの国情に合わせたものでした。

フォルクスワーゲンはアメリカでも成功を収めました。アメリカ人のセカンド

（ＣＯ）、炭化水素（ＨＣ）の排出量を70～71年型の10％以下に、さらに76年以降の製造車では、窒素酸化物（NO_x）の排出量を70～71年型の10％以下にすることを義務づけ、達成できないクルマは猶予期間以降の販売を認めないとした。１９７２年にはさらに強化され、76年型では窒素酸化物が０・４g／mileと規定された。当時、この規制値は世界一厳しかったことから、自動車メーカーの猛反発にあった。１９７４年に一旦廃案となったが、深刻化する大気汚染の前には対策が急務となり、規制自体は徐々に強化されていった。

○日本の排ガス規制

日本ではマスキー法の成立を受け、中央公害対策審議会での審議が始まり、１９７８年からはマスキー法で定められた基準と同程度の規制である昭和53年規制が実施された。現在はさらに厳しい規制が施行されている。

カーとしてのニーズにうまく合致して、それが拡販に繋がったわけです。

ミニは小さくて小回りが利いて、小さな外寸ながら快適に移動できたということで、イギリスだけでなくヨーロッパ大陸でも成功を収めます。ただしミニはアメリカに持っていっても、小さすぎて商売にはなりません。

日本車の場合は、1955年に発売されたトヨペット・クラウンRSがアメリカに初めて輸出されるのですが、日本市場では優れていたクラウンも、国際商品としてはまだまだ未熟であることを知ることになるのです。

日本車はかなり早い段階から、世界市場を見据えていました。輸出先のマーケットを詳しく調べあげ、その仕向地にマッチした仕様のクルマを造りあげて送り出したのです。もちろん、販売やサービス網を構築してからの行動でした。それに追い風として、排ガス規制と燃費規制があったことで日本車の成功があるわけです。

さきほど、アメリカ市場でビートルが作り上げた小型車市場を受け継いだのが日本車という話をしました。そこにはビートルが旧態化していたという事情があったことも忘れるわけにはいきません。

LECTURE 14 ビートルと911の共通点

ドイツ人は、たゆまぬ研究を重ねてモノを作り続けて、それを成功に結びつけ

必勝 検定対策メモ

○ホンダCVCCエンジン

CVCC（Compound Vortex Controlled Combustion：複合渦流調整燃焼）は、1972年に発表した本田技研工業の低公害エンジン。同年に世界で初めてマスキー法の基準をクリアした。CVCCは、希薄燃焼（リーンバーン）によって、ガソリンエンジンの排出ガス中の有害物質を低減する技術を少なくする技術。混合気を希薄にすれば排出ガス中の有害物質の低減が可能だが、こうすると失火しやすくなり、逆に有害物質が増加してしまう。失火を防ぎながら希薄燃焼を達成するために、ホンダは副燃焼室を備え、ここに専用の吸気バルブ気化器を備えて通常よりリッチ（濃い）な混合気を導入することで点火プラグに着火、副燃焼室のトーチ孔からの燃焼火炎によって主燃焼室の薄い混合気を燃焼さ

ポルシェ911。1963年秋に356シリーズの後継モデルとして誕生。水平対向6気筒リアエンジンの2+2レイアウトはデビュー以来、不変だ。現在は水冷（996型から）だが、当初はSOHC空冷の2000ccだった。最初、ポルシェは自社内の開発コードのまま「901」をモデル名とする予定であったが、プジョーが三桁数字の間に0を挟むモデル名の使用特許権を持っていたため異議を唱え、911と改めた。

る技術があるように思えます。その好例がフォルクスワーゲン・ビートルと**ポルシェ９１１**でしょう。

ともに、外観の形はあまり変わりませんでしたが、機構面では、毎年毎年、たゆまぬ改良を加えられてきました。

フォルクスワーゲン・ビートルの場合ですが、世界中で売れていたことで、あまりに長く造り続けることになり、あるとき気がついてみると、ひどく時代遅れになっていたわけです。ビートルの末期には、衝突安全基準や排ガス規制を背負うことになりました。１９３８年に基本設計を行なったとき、夢にも思わなかった問題です。機構的に見ても、リアエンジンの小型車にずっと固執してきた

せ、有害物質の低減を図った。ホンダは１９７３年12月から、シビックＣＶＣＣの日本国内での販売を、アメリカ市場では、１９７５年からマスキー法75年規制値に合致するシビックＣＶＣＣを発売した。

○マツダ・ロータリーエンジン
１９６1年7月、東洋工業（現：マツダ）が西ドイツのＮＳＵ・ヴァンケル社と技術提携を結び、ヴァンケル（ロータリー）エンジンの開発に着手した。同11月に試作第1号機を完成している。だが、技術提携を結んだといえ、公開された技術はまだ実験室レベルだった。実用化までには克服すべき課題は山積しており、技術陣の苦闘の日々が続くことになった。１９６７年5月には、世界初の2ローター型ロータリーエンジン搭載車となるコスモ・スポーツを発売した。

ために、それに代わるヒット作を造れなかったのです。そのために、フォルクスワーゲンは深刻な経営不振になってしまうのです。それを救ったのは、ビートルの対極にあるかのような設計とメカニズムを持った**ゴルフ**でした。フロント・エンジン、前輪駆動、水冷直列4気筒エンジンの、カタチもまるっこいビートルに対して、真四角な形のゴルフで成功をおさめます。

　ところでフォルクスワーゲンが、ビートルというひとつのモデルに固執していたように、ポルシェもリアエンジンモデルの９１１に賭けていました。ポルシェといって真っ先に浮かぶのは、９１１ではないでしょうか。それだけイメージが固まっていると、まったく違うものに踏み出すことがたいへん難しくなってしまった。もちろん、会社側もそうですが、顧客も同様でした。大英断のすえに、ミドエンジンの**９１４**やフロント・エンジンの**９２４**や**９２８**、**９４４**も手掛けますが、クルマは優れていても、顧客が付いてこなかったことから、成功したとはいえませんね。その結果、ポルシェも倒産の危機に瀕するような時期を経験しました。試行錯誤のうえ、１９９３年にヴィーデキングが社長になってから（２００９年退任）、９１１のコストを削減するとともに、ボクスターを成功させ、ポルシェは立ち直るのです。９１１も基本的なデザインは変わらなかったものの、機構面には毎年毎年、たゆまぬ改良を加えられたことで、常に時代をリードする偉大なクルマになったわけです。そこが評価されて、カー・オブ・ザ・センチュリーで5位に入ったのでしょう。

必勝 **検定対策メモ**

○フォルクスワーゲン・ポルシェ９１４

９１１シリーズより下位のエントリーモデルを求めるポルシェと、ビートルの旧態化による業績の低下に悩むフォルクスワーゲンという、両社の思惑が一致して誕生したミドシップスポーツカーで、ポルシェが開発にあたった。ＶＷ４１１用の４気筒エンジンを搭載した９１４と、ポルシェ９１１Ｔ用の２ℓ６気筒を搭載した９１４-６の２車種があり、１９６９年10月のフランクフルトショーで同時にデビューした。クルマの完成度は高い水準にあったが、ＶＷの大衆イメージが災いしたことで、商業的には成功を収められなかった。

フォルクスワーゲン・ゴルフ。1974年5月発表。長期間にわたってビートルに依存していたVWが、長い間の模索期間を経て放ったモデル。水冷の4気筒エンジンを横置き（ジアコーサ方式）に搭載した前輪駆動方式を採用、イタルデザインが担当した機能的なボディデザインを持つ。発売と同時に大成功を収め、世界中の小型車に大きな影響を与えた。

長いあいだ911に依存してきたポルシェは、これに代わる屋台骨として、2種のまったく新しいフロントエンジン／リアドライブのモデルを相次いで市場に投入した。1975年にはエンジンや駆動系などをVWアウディの生産車から得た924を、1977年には自社製の4.5ℓ V型8気筒を搭載した928を発表し、両車で911の市場を受け継ぐ目論見であった。だが、再三のテコ入れにもかかわらず神格化された911の市場を引き継ぐことはできなかった。

LECTURE 15

シトロエンDシリーズ

先ほど１９５５年にトヨペット・クラウンが誕生したといいましたが、同じ年のパリ・サロンでは、革新的と評された**シトロエンDS**が出てきました。ＤＳについては、今さら説明の必要はないと思いますが、これが成功したのは、**ハイドロニューマチック・サスペンション**という油圧システムを採用したからです。

複雑なシステムをごく一般的な乗用車に採用したことが驚きでした。高性能なスーパーカーなり高価格車に採用したのなら、おそらくカー・オブ・ザ・センチュリーにはノミネートされなかったのではと思います。中型の実用車に採用したということ、その冒険について与えられた賞だと考えます。

１９５５年のパリサロンにデビューしたときには、大変な人だかりになり、ショーの会場に人間が入りきれなくなったというエピソードがあったということですけれども、それもおそらく先ほど申し上げたようにスーパーカーに使っていたのなら、それほどの人は集まらなかったと思います。

さて、ここまで足早にクルマが歩んだ１２０年間を、エポックメイキングなクルマを通して話してみましたが、もちろん、たった50分ほどで語れるものではありません。

技術というものは、長い歴史の中で連綿と引き継がれ、発展していくもの。そのことを大好きなクルマを通じて、ご理解いただけたら幸いです。

必勝 **検定対策メモ**

○ハイドロニューマチック・サスペンション

１９５５年のパリ・サロンでデビューしたシトロエンＤＳ19は、その先進的なデザインばかりでなく、窒素ガスと油圧を用いたハイドロニューマチック・サスペンションを備えていることで大きな話題となった。これはエアサスペンションの派生型で、これに先立つ１９５４年にトラクシオン・アヴァン15Ｓｉｘの後輪に簡易型が試験的に装着され、ＤＳで本格的に採用された。

ＤＳでは、四輪の独立懸架（車高調整式）、ブレーキサーボ、パワーステアリングに油圧が用いられていた。加えて、この油圧によってギアボックスのクラッチ断続とギアシフトも行なわれていた。これらの複雑で先進的な機構が、超高価格車ではなく、一般的な乗用車に用いら

1955年のパリ・サロンでデビューしたシトロエンDS19。デビューと同時に膨大な量の購入注文が寄せられたという。

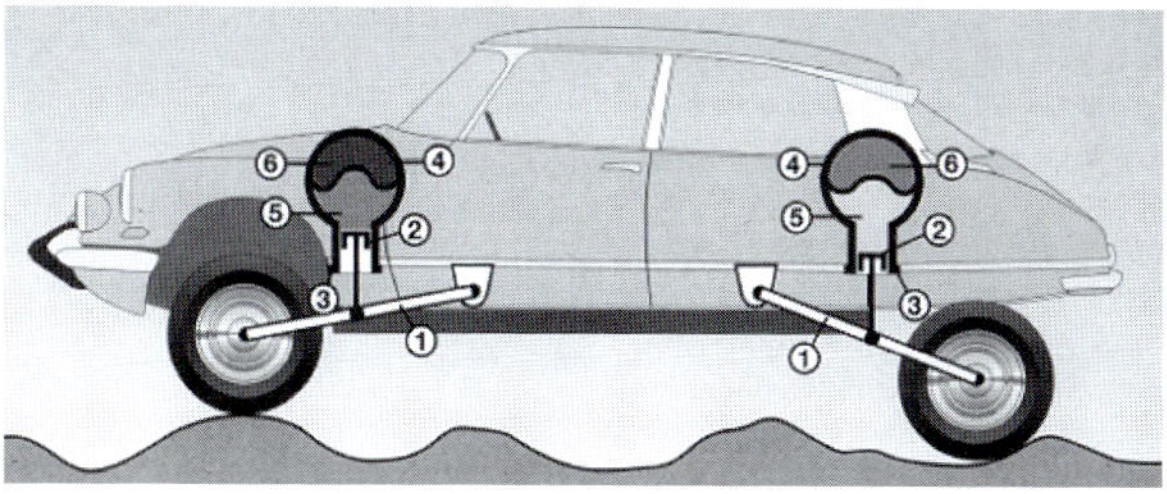

①サスペンション・アーム
②ピストン
③シリンダー
④スフェア
⑤オイル
⑥窒素ガス

れたこと自体が驚きであり、シトロエンの大英断といえよう。

○シトロエンDS／ID

1955年にデビューしたDSは、グリルのない、尖った低いノーズに、車体後部を細く絞り込んだ斬新なボディデザインをしていた。それまでのトラクシオン・アヴァンから、一挙に30年ほど飛び越えたようなスタイリングは、シトロエンの社内デザイナーのフラミニオ・ベルトーニによるもの。ルーフにはFRP、ボンネットにアルミ、ダッシュボードはプラスチックなど、自動車にはまだ目新しい素材を採用していた。

ハイドロニューマチックという油圧制御システムを用いるという、風変わりな機構にもかかわらず、20年間で廉価版のIDと合わせ計145万台が生産された大ヒットモデルである。ドゴール大統領が愛用したことでもよく知られる。戦後のフランスを代表する一台である。

超マニアック対談

高島鎮雄 vs 岡部いさく

～自動車と飛行機のあいだ～

2時限

トヨタ博物館で開催された「CAR 検セミナー」において
自動車評論家の高島鎮雄氏と飛行機の専門家である
岡部いさく氏との対談が行われました。
当代随一の論客が語る自動車の歴史、文化、
そして裏話の数々は特に上級の「CAR検」に
合格するためには必須の知識です。
司会進行は 1 時限で講師を務めた
伊東氏です。

LECTURE
01

飛行機からクルマへ転身

岡部：これは**サーブ92**といって、サーブの最初の自動車です。サーブというのは１９３０年代の末くらいにスウェーデンが国策で作った軍用航空機会社だったのです。中立国のスウェーデンでは、戦争が終わって軍用機の需要が減ってしまうと、じゃあ、その余った施設で何を作るかと考えたすえ、クルマを造ることにしたのです。

伊東：イギリスのブリストルもそうですね。でも、**ブリストル**みたいに趣味性の高いクルマではなくて、ちゃんと普通の人が普通に使えるクルマを造ったというところが、スウェーデン人の上分別、ってところでしょうか。

岡部：後輪の後ろを覗いて見てください。この**マッドフラップ**、泥よけです。ＳＡＡＢという文字の下に変なマークがあるんですけれども、これは実は双発爆撃機を正面からみたカタチを図案化したものなんです。サーブ18という爆撃機を第二次大戦末くらいにサーブが作って、それのイメージです。サーブ18は、ナチス・ドイツの双発爆撃機ドルニエDo17をスウェーデン流のリベラルで穏健な思想で教育しなおした、みたいな印象のまともな飛行機だったのです。

　そうして造られたクルマがサーブ92です。ちょうどこの頃サーブはジェット機を造ることを考えついていて、どうせクルマを造るんだったら、鋼板プレスの機械を買わなければならない、で、鋼板プレスの機械を買えば、ジェットエンジン

必勝

検定対策メモ

○サーブ92

サーブが自動車生産に参入して手掛けた最初の市販モデル。１９４９年12月から量産に入った。水冷並列２気筒２ストローク、総排気量７６４ccエンジンは25hp／４０００rpmと、５．６mkg／３０００rpmを発生、前輪を駆動する。

○ブリストル

英国の老舗航空機製造会社だっ

いかにもサーブらしい広報写真。サーブJ21戦闘機と並んだサーブ92。

にも役に立つじゃないかという處りもあったようですね。

伊東：岡部さん、92という番号の由来はなんですか。サーブの一連番号とか……。

岡部：そう。一連番号です。サーブのクルマは忽然と〝92〟から始まっちゃうんですよね。それ以前の番号はというと、サーブの〝90〟は双発の中型から小型のあいだくらいの旅客機です。サーブが軍用機を離れて民間機に転身しようとした最初の飛行機になります。

高島：ダグラスのDC-3くらいですか。

岡部：DC-3くらい。そうですね。

伊東：たくさん造ったのですか？

岡部：結局、10機に満たないくらいしか造らなくて、地元のスカンジナビア航空なんかがお情けで

たブリストルは、第二次大戦後に自動車生産に着手した。まずドイツのBMWに学ぶことから始め、イギリスで最も高級なパーソナルカーを造るようになった。現在でも、ほんの一握りの好事家や信奉者のために極めて高価なクルマをごく少数生産している。

○マッドフラップ（サーブ）
飛行機会社の意地。双発爆撃機を正面から見たところを図案化している。

使ってくれたという、そんなものです。この〝90〟の次が〝91〟っていう飛行機になるんですけれど、これは4人乗りの軽飛行機です。絵はフィンランド空軍で練習機に使ったものを描いています。スウェーデンやフィンランドとか、オーストリアで軍用の練習機とか、簡単な自家用機として、ある程度売れました。日本でも1機これを研究・実験機として、当時の防衛庁が買ったことがあるんですがね。この〝**サーブ91**〟の次につくったのが、〝サーブ92〟という自動車なんです。

伊東：自動車に転身ですが、いかにも飛行機屋らしいデザインですね。

岡部：ええ。突然、飛行機から自動車になったんですけれども、なにしろ飛行機会社のサーブのことですから、こんなクルマを造っちゃったんですね。このボディが非常にきれいな状態で、光の照り加減で微妙なカーブがよくわかると思います。横からちょっと離れて見てみると、いかにもクルマの前から後ろへスムーズに空気が流れるという感じがしますよね。サーブとしては**風洞実験**を重ねてこういう空気抵抗の少ないクルマを造り上げた。走る乗りものというのは空気抵抗の少ないものでなければいけないという意識がすでにもう飛行機のそれですよね。高島さん、これは量産車ですけれども試作車はもうちょっと……。

高島：そう。試作車はもうちょっと格好良かった(笑)。前がもうちょっと低くて、水平に稜線が上下に紡錘形にカーブを描いて走っている。前輪のタイヤがこれよりもっとカバーされていた。

伊東：それに、もっとクルマの幅も広かった感じですよね。

高島：結局ホイールをカバーしていても、タイヤをステアさせなければならない

必勝 **検定対策メモ**

○サーブ91
製品に一連番号を付けていたサーブは、この軽飛行機の次の製品となったクルマを〝92〟と名付けた。

○風洞実験

から、全体に幅広かったのでしょうね。これは、シクステン・サソンというスウェーデンのデザイナーが手掛けたといわれています。シクステン・サソンはフランスでデザイン教育を受けて、それからスウェーデンに帰っていろいろな工業デザインをやった人なんです。本当は純粋芸術をやりたかったのだけれども、怪我をしてできなくなって、工業デザイナーに転身したといわれています。ご存じの方もいらっしゃるかと思いますが、スウェーデンにハスクバーナというバイクがあったのですが、そのハスクバーナ社がミシンを造ったのです。そのミシンのデザインもサソンのデザインです。サソンというのは、変わった名前なんですけれども、本当はアンデルソンといい、アンデルソンの通称がサソンなのでシクステン・サソンといわれています。この人は後で、いや、ちょうど同じ頃かもしれませんが、カメラのハッセルブラッドのデザインに係わっています。全体ではないと思うんですけれども、ハッセルブラッドに係わったといわれています。それで、ハスクバーナのミシンの次に、サーブにタッチするんですね。サーブというのは先ほどお話がありましたけれどもSvenska Aeroplan AB。ABは株式会社のことで、略してSaabとなるのです。これも物の本に依るので正確なところはわかりませんけれども、サソンは飛行機のデザインもやったと書いているんですね。三角翼の飛行機だったといわれています。

岡部：ということは、J35ドラケン（J35 Drakens）ですね。

高島：我々が考えると、飛行機って非常に理論に基づいて設計しないと、飛ばないんじゃないかと思うのですが、それでも最初に形を決めるときには、誰かひと

自動車の開発では、まだ風洞実験が一般的ではなかったころ、サーブは航空機用風洞を活用し、92の試作車となる92・001の開発を行なった。

これが試作車のサーブ92・001。空気抵抗の小さい軽いボディに小排気量のエンジンを積んで効率よく走ろうと考えたのだ。

○ハッセルブラッド（Viktor Hasselblad Co.）
スウェーデンのカメラ製造会社。大型カメラが隆盛を誇っていた時代に、携帯が楽なレンズ交換型6×6㎝判一眼レフカメラを発売した。NASAが宇宙

りの感性が働くんじゃないでしょうか。〝その人〟が絵を描いてね。そうじゃないと世界中の飛行機がみな同じになっちゃうわけですよね。そうじゃなくて、ひとつひとつ違うのはやはり絵から入るんじゃないかと思うんです。

LECTURE 02 サーブの流線型

岡部：今のステルス戦闘機なんかは、コンピューターで電波反射やらを計算した挙句に、あんなカクカクした形になっているんですが、昔はエンジニアが描いた1枚の絵からできた飛行機というのがありますよね。有名な第二次大戦後のダグラスAD-1スカイレーダー、のちのA1スカイレーダー、あの飛行機はダグラス社にいたエド・ハイネマンという名設計家が、ワシントンのホテルで飯を食いながらナプキンの裏にサラサラっとスケッチを描いて、これをやればいけるんじゃないかというんで、一晩で概念設計をまとめて国防省に提出したら採用になったという、そんな伝説があります。イギリスのスピットファイアを作ったレジナルド・ミッチェルも、しょっちゅう、いろんな所にスピットファイアにいたるスケッチを描いてますから、結局、エンジニアでも絵でイメージを思い浮かべて、おそらく手でそれを描いて確かめて、そこから始まるんでしょうね。

高島：ロッキードにもいましたね。

岡部：ケリー・ジョンソンです。

必勝 **検定対策メモ**

で使うカメラとして採用したことで知られ、アポロの月面活動でも用いられた。

○DKW（Dampf Kraft Wagen：蒸気自動車の意）

ドイツに存在したモーターサイクルと自動車メーカー。優れた2ストローク・エンジンの技術に定評があった。1932年に、ホルヒ、アウディ、ヴァンダラー、DKWの4社が合併してアウトウニオン（自動車連合の意）を結成。アウトウニオン内では、大衆車をDKWが、小型車をヴァンダラーが、中型車をアウディが、最高級車をホルヒがそれぞれ担当した。1969年にはNSUがアウトウニオンに加わった。アウトウニオンが今日のアウディ社の母体となる。

○ロッキードP-38ライトニン

高島：コンステレーション、それからP-38ですね。やっぱりその人の性格が出てますよね。

伊東：「設計者の性格が出ている」という話は、今回のイベントの最も重要なポイントです。集団による合議制ではなくて、ひとりの設計者の意見と感性でモノが造られたというお話です。サーブの機械を見ましょう。トヨタ博物館学芸員の山田さんに手伝っていただいています。エンジンフードを開けていただきましょう。

高島：ご存じのように、2ストロークの2気筒で前輪駆動ですね。この機械部分の設計というのは、サスペンションは違いますが、ドイツのDKWに非常によく似ていますね。DKWを小型車として成功させて、例のアウトウニオンを形作るときに大きな役割を果たしたラスムッセンという人がいますけれど、このラスムッセンさんは、実はドイツ人ではなくてデンマーク人なんです。第二次大戦後、ラスムッセンはドイツを去ってデンマークの故郷に帰りますが、デンマークとスウェーデンとは本当に狭い海峡、ほんの数キロの海峡を隔てて隣り同士ですからその影響が出ているんだと思います。結局、サーブはDKWからライセンスを買って、2ストローク・ツインのフロントドライブというシステムを取り入れたんです。

伊東：サーブの歴史を扱った本で読んだ記憶がありますが、設計に着手していたころ、サンプルにしようとスクラップヤードからDKWを買って、それを使ったとありました。おそらく、試作車のころは、ほとんどフルコピーなんでしょうね。

グ

ロッキード社が開発し、1939年にアメリカ陸軍に制式採用された重戦闘機。エンジンを2基搭載した双発・双胴であることが特徴だ。高度6000mで最大出力960HPを発生する、アリソン製の排気タービン過給機付き液冷V型12気筒エンジンを搭載する。1950年代にアメリカ車から世界中に伝播したクルマのテールフィンは、このP-38のデザインがヒントになったといわれる。

高島：おそらくそうでしょうね。ご覧になるとラジエターが後ろにありますね、高いところに。これはサーモサイフォンといって、エンジンを冷やして暖かくなった水が軽くなって上昇していきます。で、ラジエターを通ると、冷えて重くなるわけですね。そして、下がって、下からエンジンに戻る。ポンプはなくて、サーモサイフォン式という方式なんです。

岡部：ウチの風呂と同じです（笑）。

高島：この方式は、けっこう簡単なクルマには多いんです。フィアットが１９３６年に出した最初の５００なんかもそうです。スカットルの前の高いところにラジエターがあるんですね。ここにラジエターを置く利点は、フロントを非常に低くすることができるわけで、こういう理想的な流線型にするには都合がいいわけですね。

伊東：それに、前にあると北欧の冬では冷えすぎてしまうでしょう。室内に近いからヒーターも強力かもしれませんね。

岡部：ちゃんとスウェーデンの寒さに耐えられる設計になっているわけですね。

伊東：そうだと思います。これで極寒のスウェーデンを安全に走らなければいけないわけですから。

高島：ウィンドシールドの角度に注意していただきたいんですけれども、かなり寝ていますね。この時代としては相当に寝ていると思います。トヨタ博物館ができるときにいろいろな役割を果たされた五十嵐平達さんは、かつて日本に入ったサーブの１台を手に入れたんです。30年以上前かな。五十嵐さんは、「雨の中を

必勝

検定対策メモ

○コーダ・トロンカ（coda tronca）

ボディの形状をいい、ボディの後端を垂直に切り落とした形式を示すイタリア語。空力的な長いテールは空気抵抗を低減するが、重量が嵩むし、長さゆえに敏捷性を損なうことが問題だった。だが、長いテールを垂直に切り落としても、その部分で気流がボディから離れ、またテールの浮き上がりを抑制する効果が認められた。この理論を実証したドイツの空力学者のウニベルト・カム博士（1893～1966年）の名を取って、カム・テール（もしくはKテール）と呼ぶことが一般的。これにより自動車の空力は大きく前進し、1960年代から1970年代のレーシング・スポーツカーにとって、カム・テールは必須なボディ形状であった。アルファ・ロメオ、フェラーリなどのイタ

走ると水が上に流れるんだよ」と、非常に喜んでおられましたね。彼は流線型が大好きでしたから、そういう意味でこのサーブの流線型が非常に気に入っていたのです。

岡部：空気処理が上手くできているから綺麗に流れていったのでしょうね。

高島：下からずっとあがってきて、クルマに沿って。今の空力というのは必ずしもそうではなくて、コーダ・トロンカみたいに切ってしまって、後ろに架空の見えないボディを引きずって走る、みたいなことを言いますけれども、この時代は、まだ、いかにして表面に沿って滑らかに空気を流すかが大きな狙いだったわけです。こういった後ろが滑らかな形を今はファストバックといいますけれども、この時代にはプレーンバックというんです。

岡部：でもいくら雨が下から上へ流れるからといっても、スウェーデンの雪に対して、このワイパー大丈夫なんですかね？（笑）

高島：ちょっと（笑）……そうですね、小さいし。雪も上へきっと飛んだのでしょう。（笑）

岡部：こうしてみると小さくこぢんまりと見えますけれども、実に空気となじみの良い、よく考えられた乗りものだという印象ですね。

高島：車内をご覧になるとわかるとおり、相当広いですよ。フロントドライブですから床も平らだし。これで充分なスペースが確保されていると思いますね。こういう綺麗な流線型の背中に平面ガラスを入れようとすると、こういう格好になります。上の広い逆台形みたいな格好です。プジョー203とか、この時代の

リア車でも多く採用され、「短い尾」を意味する「コーダ・トロンカ」も呼び名として定着している。写真はその代表格のアルファ・ロメオSZ2。

○ファストバック（fastback）

クルマのボディ形状の名称。

トヨタ博物館が所蔵しているサーブ92。いかにも飛行機製造会社が造ったクルマらしく、空力的なデザインで、車重も軽い。764ccの25hpエンジンながら、最高速度は105km/hに達した。

クルマにはこういう形のリアウィンドーが多いんです。

岡部：飛行機メーカーが造った最初のクルマとしては非常に完成度が高いですよ。

高島：結局、サーブはこのボディを随分長く後まで使うことになりますからね。後で、2ストローク2気筒をやめて、**フォードの4ストロークのV4エンジン**に代えてしまうんですが、それでもボディだけはこれを随分長く使います。成功作だったということでしょう。

必勝 **検定対策メモ**

ルーフからリアエンドまでなだらかに傾斜した形状。写真は1967年モデルのフォード・マスタングの、その名も2+2ファストバック。

○プジョー203

1948年に発売されたプジョー初の戦後型乗用車。プジョー初のモノコック構造のボディ、軽合金シリンダーヘッドを備えた1300ccの新エンジンを備えていた。1960年まで生産された。

LECTURE 03

シトロエン2CV、設計の秘密

シトロエン2CV

伊東：次は、共通のコンセプトを持った2台、シトロエン2CVとフライング・フェザーをセットでお願いします。2CVと呼ぶより、2馬力と呼んで親しまれてますね。皆さんもよくご存じの、第二次大戦が終わって間もなく登場したフランスの大衆車です。とっても簡単なクルマに見えますが、軽合金をたくさん使った空冷2気筒の水平対向エンジンは、最初375ccでした。排気量は最小限で、ボディもこれ以上、簡素化できないほどシンプルに作られていて、とっても軽量です。確か、ごく初期型は500kgをわずかに切っていたはずです。私は初期の

○フォードの4ストロークV4エンジン
フォードがコードネーム「カーディナル」として北米のサブコンパクトカー市場に投入すべく開発していた世界戦略車のエンジン。カーディナルは前輪駆動レイアウトを持つ進歩的なクルマだったが、市場調査の結果から北米での生産を断念し、ドイツ・フォードがタウナス12Mの名で生産。また英国フォードもそのV4エンジンを採用した。サーブは1967年モデルから排ガス規制をクリアするため、従来の2ストロークを断念し、ドイツ・フォード製のV4エンジンに切り換えた。

○シトロエン2CV
プロトタイプはヘッドライトが1個しかないことに象徴されるように、見た目よりも、長年の酷使に耐える信頼性の高さと、万人にとって使い勝手がよいことを最優先事項として開発されたフランスの国民車。1948

モデルには乗ったことがないですが、あとの６００ccになってからのモデルに乗っても、とてもクルマが軽いことを実感させられますし、とにかく乗り心地がいいことに驚かされました。パワーも贅沢をいわなければ不足ないし、ステアリングも信頼できるし、現代でも充分に通用する、これってホントに名車なんだなと思いました。さて、高島さん、２馬力からお願いします。

高島：ご存じの２馬力です。２馬力の設計の秘密はどこにあるかといいますと……。まず、岡部さん、このボンネットには波板を使っていますね、飛行機にもこういうのが多いですよね。

岡部：初期の全金属構造の飛行機は、こういう波板外板を使ったのがいろいろありますね。有名なところでは第二次大戦のユンカースＪｕ５２が主翼も胴体もほとんど全面波板です。

高島：薄い板に必要な強度をもたせるためにはリブを入れます。

岡部：リブのおかげでデザイン的にも個性が出ています。

高島：そうですね。この当時のシトロエンの社長だった、**ピエール・ブーランジェ**という人は大変な大男で、その人が問題なく乗れるということが一つの条件でした。それから、籠にたくさんの卵を入れて積み込んで、悪路を走っても割れないという条件を出し、それから大人が4人乗って、肉を50キロ積んでも充分に走れるなど、いろいろと条件を出して、最低限の自動車を造ったわけですね。小さくしなかったことが良かったのだと思います。充分な大きさがあって、しかも軽いという作り方ですね。ですから屋根はキャンバスだし。飛行機にも**羽布張り**って

必勝 検定対策メモ

年10月のパリサロンで発表。

○ピエール・ジュール・ブーランジェ（Pierre-Jules Boulanger）
1934年2月下旬、財政悪化により破綻に瀕したシトロエンを建て直すべく、大株主であるミシュラン社から送り込まれた。社長エドゥアール・ミシュランの右腕を務めていた。一緒に送り込まれたピエール・ミシュラン（息子）とともに、シトロエン社の経営状態を査察し、発売直前まで完成されてい

いうのがありますね。

岡部：ええ。これ、屋根は開くんですね。

高島：リアウィンドーのところまで開きます。後ろはフラップが巻きあがります。卵が割れないという条件を満たすために、このクルマが採ったサスペンションは非常に特殊なんです。前はリーディング・アーム、後ろはトレーリング・アームですけど、バネはここ、サイドシルの下あたりに大きなコイルスプリングが1本だけあって、それを前後で使っています。前輪がモノに乗り上げると、バネが前方に引っ張られて、これに繋がっている後輪が下に下がることで、常に水平を保つんですね。左右は別々でつながっていないんですが、前後は関連懸架です。これを機械的にではなく油圧でやったのが、イシゴニスのミニですね。それと、ダンパーがすごく変わっているんですよ。車輪の内側にちょうど茶筒くらいのものがあって、その中に錘が入っており、上と下のコイルスプリングで浮かせています。走っているとその錘には慣性があるから錘は真直ぐに行きたいわけですよね。そこで車輪がモノに乗り上げると、バネでその錘を押し上げようとする。それに錘が対抗してダンパーになる。だから上がる時だけではなくて下がる時にも効く複動式の機械式ダンパーになるわけです。後では普通のものに変わってしまうんですが。

岡部：卵をナプキンとか新聞紙にくるむ代わりに、こういうサスペンションを一所懸命考えたわけですね。

高島：それから座席をちょっと見てください。こういう座席って飛行機にもあっ

たトラクシオン・アヴァンの可能性を実感して生産化を決断。このヒットによって会社の立て直しに成功した。2CVの開発コンセプトを掲げ、計画を推進したのもブーランジェだった。

○**羽布張り**
木製や金属製のフレームに帆布の外皮を張った構造。軽くて柔軟性に富む。飛行機だけでなく自動車にも存在した。

○**リーディングアーム**
スウィングアームの支点が後方にあり、前方にあるタイヤを支持する方式。

○**トレーリングアーム**
前出のリーディングアームの逆。スウィングアームの支点が前方にあり、後方のタイヤを支持する。

○**シトロエン2CVの座席**
パイプ製のフレームにゴムバンドを張り、そこに表皮を被せて

たかどうかわからないけれど。
岡部：うーん。1920〜30年代の軽飛行機だったら、ありそうな感じですけどね……。
高島：鉄パイプのフレームがあって、そのフレームとフレームの間に幅の広いゴムバンドを張るんです。それに布をかぶせてしまう。それだけの非常に簡単なものなんですけれども、とても乗り心地がいいです。
岡部：フランスの太ったおじちゃんとおばちゃんがこの椅子に乗っかって、居心地よく座っていられたんですね。
高島：発表は1948年くらいだったと思いますが、戦争中ずっと開発をやっていましたね。最初はヘッドライトが1個で、もっと簡単なボディでした。

LECTURE 04 空中を飛ぶ羽根

伊東：2馬力を見ていた目を、今度は横の**フライング・フェザー**に向けてください。このクルマは綺麗にレストアされて、かなり立派に見えますが、極めてシンプルな必要最小限の大衆車です。2馬力のシートの話から続けて、フライング・フェザーのシートから話していただけますか。
高島：このシートは2馬力とほとんど同じ構造ですね。トヨタが作っていたトラックの国民車といえる**トヨエース**も、2馬力と同じ作りのシートを使っていまし

必勝 **検定対策メモ**

いる。簡単な構造だが快適だ。

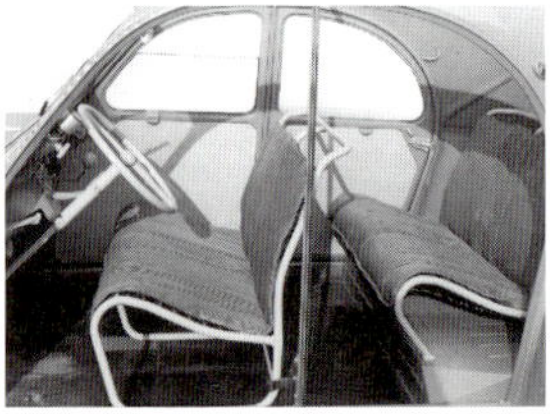

○フライング・フェザー（F／F）
全長2767×全幅1296×全高1300㎜、ホイールベース1900㎜、車重は約400kg。最高速度60〜70㎞／h程度。二座、幌型、梯子型フレーム。サスペンションは、前後輪とも横置きリーフスプリングによる独立懸架。機械式ドラムブレーキを後2輪に装着。エンジンは空冷4ストロークV型2気筒OHV、350㏄、最高出力12.5ps／4500rpm、最大ト

フライング・フェザー

た。このフライング・フェザー、F/Fと略すのですが、空中を飛ぶ羽根という意味です。これをデザインした人は富谷龍一さんという方で、第二次大戦前の1932年から、ダットサンのデザインをやっておられました。この方は東京高等工芸、今の千葉大工学部の卒業で、戦前の日本で、すでに定板の上で1/5の模型を作って自動車のデザインをした日本で最初の人です。戦後は住之江製作所という織物、カーペットの会社があったのですが、そこの会社でダットサン・スリフトのボディを作っていました。ですから、富谷さんは住之江製作所にいてダットサンのボディをデザインし、作っていたわけです。富谷さんはもう数年前に他界されましたけれど

ルク2・2mkg/2500rpm。

○トヨエース

モーターサイクルに荷台をつけたような粗野な三輪小型トラックが全盛だった1954（昭和29）年、トヨタは実用性と低価格を売り物にした小型四輪ト

も、私達は富谷さんのことを〝相模原のカリガリ博士〟、もっと口の悪い人は……、これはやめておきましょう。とにかくユニークな発想をする方でした。よくご存じかと思いますが、フェアレディZを育てた片山豊さん、「ミスターK」ですね。片山さんは当時日産の宣伝課長だったのですが、あるとき、富谷さんと二人で港の岸壁に腰掛けて語り合っていると、目の前をカモメが飛んでいたそうです。カモメがほとんど労力を使わないで飛んでいる。なんとかああいうクルマをつくれないかと、二人で話して始まったのがこのF/Fの構想なんですね。だからフライング・フェザーという名前なんです。最小のエネルギーで実用的な自動車を造ろうとしたひとつの形です。これは軽自動車で、250ccの空冷Vツイン・エンジンが後ろに載っています。このエンジンも富谷さんご自身が設計されました。

伊東：私はそうした発想が2馬力にも通ずると思います。ところで、ここに集まってくださった方々のなかには、私とそうお歳の変わらない、中年に分類される方も多いようですが、そうした方々はメカニマルという、動物の動きを再現した、今でいうロボットの組み立てキットをご存じかと思います。それを開発したのが富谷さんでした。メカニマルとはメカニックとアニマルの二つの言葉を組み合わせた言葉で、動物の骨格や関節などのメカニズムを機械的に再現していて、玩具として売られていた記憶がありますが、あれに感動してエンジニアを志した、そんな方がおられたと聞いたことがあります。カニとかムカデなんて、とっても感動的でしたからね。話が脱線しましたが、2馬力や、このF/Fを見ていると、

必勝 検定対策メモ

ラックのトヨエースを発売した。カタログでも「トラックの国民車」と謳っていたが、発売と同時に大ヒットし、トラックは粗野な三輪車から四輪車に。

○フジキャビン5A型（1955年）

富士自動車（日産自動車系のエンジンメーカー）が製作した三輪のキャビンスクーター。当時としては画期的なFRP製のフルモノコック構造を採用。エンジンは空冷単気筒2ストローク、車重130kgで最高速度は

すぐにメカニマルのよく考えられたリンケージの動きを連想させるんです。富谷さんがお元気だったとき、確か高島さんとご自宅の研究室にお邪魔したときの第一印象は、機構学のアイディアマンという印象でしたね。

高島：富谷さんはアイディアの宝庫のような方で、このクルマのあとに**フジキャビン**という、すべてファイバーグラスの3輪車、前2輪・後1輪の3輪車を設計されていますね。ところで、F/Fはまるで車輪がバイクみたいでしょう。

岡部：これもできるだけホイールを軽くするためにですか。

高島：そういうことですね。バネ下重量を軽くするために**ワイアホイール**にしたんです。でも、このクルマが出たころ、私はまだ子供でしたから、ワイアホイールは向こうが透けて見えるので、かっこ悪いなと思ったんですけれどね。

岡部：タイヤだって、異常に細いですよね。

高島：そうですね。ちょっとバイクみたいに見えますけれども。でもホイールは、バイクのものとは違うと思います。ワイアの張り方がね、違うんです。自転車もバイクもまっすぐ走る、そしてコーナーの時はリーン、つまり傾きますね。ですから横の力というのは加わらないんです。でも、四輪車は横の力が加わりますから、スポークの組み方がまったく違う。以前、カーグラフィックで「マイレッジマラソン」という燃費競技をやっていましたが、「マイレッジマラソン」に出てくるクルマというのはほとんど自転車のホイールを使っていたんですね。そのためにサイドフォースに非常に弱いですから、鈴鹿サーキットの第1コーナーを、マイレッジカーではそれほどスピードが出るわけではないけれども、でも速いク

時速60km/h。FRPの製作技術が未熟であったため、わずか85台製作されただけであった。

フルモノコック構造のFRPボディ。ロータスが1957年に登場させたエリート（ロータス14）が最初のFRP製フルモノコック・ボディを持つ生産車だ。もし、フジキャビンが本格的に量産されていたら、ロータス・エリートより早いことになる。

○ワイアホイール
現代ではモーターサイクルにも採用例が少なくなったが、軽量なことで四輪車でも一世を風靡したホイール。スポークホイー

ルマは時速80キロぐらい、できのいいのは１００km／hは超えてたんじゃないかな。後半の上り坂で速度が落ちないように、ブレーキなんてかけないで、フルスロットルで降りていって第1コーナーに掛かると、ホイールのワイアが全部、いっぺんに折れる事故がありました。1本折れたら連鎖的に全部折れちゃいますから。全部折れて擱坐しちゃったクルマが何台かありました。F／Fはバイクとは違います。

伊東：そんなアクシデントがあったものだから、各チームも対策して来るようになったので、事故も減りましたし、また、そこから新しいアイディアも生まれましたね。そういえば、富谷さんはマイレッジマラソンの技術委員を務めておられました。F／Fはブレーキもシンプルですね。リアだけですか。

高島：ええ、後ろにはかなり大きなブレーキがありますが、前はまだブレーキがないんですね。ホイールは中央を見ていただくと二本角が生えていて、**センターロック**です。

岡部：これ１９５５年くらいですか。

高島：これより前からいろいろなモデルを造っていて、結局最終的に生産化したのがこれだったのです。F／Fはバネ下も軽いし、乗り心地はかなり良かったです。

岡部：ちょうど東京の街中にもいろいろなアメリカのクルマが走っていた頃ですよね。

伊東：**１９５５年**といえば、昭和30年。アメリカ車に羨望の目が集まっていた頃

必勝 **検定対策メモ**

ルともいう。前出のロータス・エリートのホイールもワイアホイールだ。

○センターロック式

ホイールの中心を1個のナットで固定する方式をいう。スピンナーという爪の付いたナットや、一般的な六角ナットが用いられる。短時間でホイールが脱着できることから、レースを意図したクルマに多く用いられた。現在でも、短期間でタイヤ交換をしなければならないF１では必須だ。

ですね。F/Fのようなシンプルな、というより煌びやかなアメリカ車と比べればみすぼらしいクルマに顧客はどう反応したのでしょうか。

岡部：この小さくて、軽くて、小さなエンジンという方向でクルマを造ろうというのは、かなり大胆な発想ですよね。

高島：そうですね。結局、商売としてはまったくうまくいかなかったのだけれども、このクルマが成功してもう少し発展していたら、日本の自動車の設計にかなり大きな影響を与えていたと思います。ま、当時はまだ占領軍がいましたから、色とりどりの最新のアメ車のなかにこれが走っていたわけです。

岡部：朧気な記憶なんですが、実物を見たような覚えがあるんです。そのときは高島さんがおっしゃるように、タイヤも細いですしね、なんか弱々しい、はかなげなクルマだなと思った記憶があるんですけれども。今見ると非常にアイディアに満ちあふれたというか、おもしろいですね。子供のころにもっと評価しておくべきだったな……って、4～5歳じゃムリか（笑）。

高島：普通、自動車を小さくしようとすると、車輪を小さくしちゃうんですけれども、富谷さんはそうはしなかった。その代わり二人しか乗れないんですけれども。

岡部：ボディのデザインも富谷さんですか？

高島：そうです。富谷龍一さんです。

岡部：フロントのオーバーフェンダーとか、ボディの左右の……。

高島：とってもよくデザインされていると思います。富谷さんは日産自動車とと

○1955年頃のクルマ
日本で初代トヨペット・クラウンが発売され、アメリカではフォード・サンダーバードが登場している。またアメリカ車のテールフィンが高くなっていった。シトロエンDSが登場したのもこの年だ。

○チシタリア202クーペ
チシタリアは1946年にシングルシーターのD46でクルマ造りをスタートさせると、翌年には、スポーツレーシングカーの202SMMスパイダー・ヌヴォラーリのほか、ロードカーの202SC、202B、202Cの生産に着手した。ロードモデルにはピニンファリーナの手になるボディを架装したクーペとカブリオレが存在、なかでもクーペの美しさは際だっており、この後の自動車デザインに大きな影響を与えた。エンジンほかメカニカル・コンポーネンツは、前作のD46と同様にフィアット1100用

ても縁のあった方なんですが、日産自動車に〝老後の面倒〟をみてもらわずに、トヨタ系の相模原にあるセントラル自動車という会社のデザインの嘱託というような仕事をなさっていました。相模原のご自宅に小さな工房があって、そこに二人セントラル自動車の若いデザイナーが来て彼のもとで、さっき話に出ていた「メカニマル」などをやってましたね。

岡部：トヨタ博物館本館の3階にダットサンがありますね。

高島：37年のダットサンかな。あれも富谷さんです。

岡部：ということは、トヨタ博物館には、富谷さんが手掛けたダットサン、フライング・フェザー、フジキャビンと3つそろっているわけですね。

伊東：なかなかこんなチャンスはないので、是非ご覧になってください。

LECTURE 05

戦後のスポーツカーの代表格

伊東：次は、真っ赤なチシタリア202です。サーブ92やシトロエン2CV、フライング・フェザーと一緒に並べると、流麗なボディのクーペを一緒に置くなんて、ちょっと異質な感じだと思われるでしょうが、でも、このチシタリアも、軽くて小さなことが共通項ですね。エンジンは1100ccです。第二次大戦直後に登場したスポーツカーの代表格ですが、なんといっても、これが自動車史のなかで大きな存在となっているのは、極めて先進的なボディのデザインです。まず、

必勝 **検定対策メモ**

を流用しつつも、随所に独自のパーツを組み込む巧みなチューニングによって、標準型ロードモデルでも55ps／5500rpmを発揮した。

○ジョヴァンニ・バッティスタ・ピニンファリーナ
1895～1964年。カロッツェリア・ピニンファリーナの創始者。1930年にトリノで創業し、イタリアで最もよく知られたカロッツェリアに育て上げた。本名は、ジョヴァンニ・

トヨタ博物館に収蔵されているチシタリア202

高島さん、デザインからお話しいただけますか。

高島：これは1947年から48年にかけて造られました。1945年に第二次大戦が終わっているのですが、そのたった2年後にこれだけのクルマがデザインできたというのは、大変な力だと思います。それと戦争中も自動車のことを考えていた人がいたということですね。

伊東：戦時中に設計しているわけですね。実際に図面を描いていたかはわかりませんが、設計者の頭のなかにはもう、このクルマの存在があったということでしょうか。さきほど、自動車史のなかで大きな存在といいましたが、この理由がデザインにあったのですね。

バッティスタ・ファリーナだが、幼い頃から愛称であるピニンの名で呼ばれた。1930年に独立して自らカロッツェリアを設立するに当たって、このピニンのニックネームを組み合わせてピニン・ファリーナと命名。この名が広く知られるようになった。そして1961年、社会的業績が認められ、大統領から許しを得て、ジョヴァンニ・バッティスタ・ファリーナは、姓をピニンファリーナと改め、会社名もCarrozzeria Pinin Farinaから、Pininfarinaとひとつに結ばれた。

○ピエロ・デュジオ

1899～1975年。アルゼンチン生まれの実業家（元

チシタリア202

高島：1951年かな、ニューヨーク近代美術館が現在の自動車デザインを導いた8台のクルマを選んで展示しました。その中にこのボディが選ばれたんです。有名なマークが見えますよね。**ピニン・ファリーナ**です。ほかにもこれとよく似たデザインのボディを造ったカロッツェリアがいくつかありますから、まぎらわしいですが、これは正真正銘のピニン・ファリーナのボディです。チシタリアを造ったのは**ピエロ・デュジオ**という若い工業家なんです。その人が戦争直後のイタリアでレースをやりたいということで、**フィアット1100**を元にしたモノポスト（単座）のレーシングカーを造ったんです。最初の設計をしたのは、フィアット社員のダンテ・ジア

必勝 検定対策メモ

サッカー選手）で、第二次大戦終結から間もない1945年に自動車会社のチシタリアを興し、翌46年からシングルシーターのD46の生産を開始。技術者は、フィアットからダンテ・ジアコーサが派遣されたほか、ジョヴァンニ・サヴォヌッツィ、ポルシェ設計事務所からはルドルフ・フルシュカも加わっていた。また、レーシングマネジャーにカルロ・アバルトを配し、ドライバーには、アルファ・ロメオやマセラティ、アウトウニオンで活躍したタツィオ・ヌヴォラーリを擁するチームを組織した。しかしながら、高い理想を掲げて船出したものの、商業的には失敗し、1949年初頭には会社が倒産。デュジオはアルゼンチンに帰り自動車生産を開始し、カルロ・アバルトはチシタリアの工場施設と部品や半完成車、社員を引き継いで独立し、

500トポリーノ

コーサで、彼が設計してモノポストを造って、それでワンメイクのレースをやったんですね。晩年のヌヴォラーリとか有名どころも出ていたくらいで、けっこうイタリアでは盛んだったのです。そのあとに、市販車を造ろうとして、このチシタリア202を造りました。

伊東：基本的にフィアット1100のコンポーネンツを使っています。もちろんチューンナップするために特製の部品を組み込んでいるのですが。チシタリアのボディは、ちょっと粗めの鋼管で骨組みを作ってそれに金属を被せてあります。飛行機もこういうのはありますか。

岡部：飛行機は割と早く、金属モノコックができてしまったので、

アバルト社を設立した。写真は左がチシタリアD46、右がタツィオ・ヌヴォラーリ。

○フィアット1100（1200）
フィアットが1937年から1969年まで生産した、イタリアを代表する小型乗用車シリーズ。優れた小型車であると同時に、レーシングカー製作者

鋼管を骨組みに金属外皮としたものはあまりないです。１９３０年代初期のイタリアのブレーダ（Ｂｒｅｄａ）の戦闘機で一部そういう例があります。

高島：そうですか。１９３０年代といえば、ちょうど**カロッツェリア・トゥーリング**が**スーパーレッジェラ・システム**を造る頃ですね。

岡部：ちょうどその頃です。

高島：スーパーレッジェラというのは、イタリア語で非常に軽いという意味ですけれども、ボディの骨組みを女性工員２人で前と後ろで持ち上げられるくらい軽かったのです。

伊東：以前、本で読んだことがあるのですが、戦争中に過剰にストックされていたクロモリのパイプが残っていて、それが手に入ったことで、非常に軽くて、高剛性のクルマができたんだそうです。チシタリアが最初に造ったフォーミュラのD46が日本にあって、僕はツインリンクもてぎで乗ったことがあるんですが、１９４６年のクルマとは信じられないほど現代的で、素晴らしいクルマでした。１９４６年ですから終戦直後ですよね。物資も充分にないその時期に、専用のクルマを造ってまでワンメイクレースをやろうという事実にはただ驚くばかりです。そしてクルマの出来映えにも。

高島：実際に行ってみると、僕が最初にイタリアに行ったとき、もちろん戦後ですけれども、北と南ではものすごく貧富の差が大きいと感じましたね。

伊東：デュジオという人は27歳にしてたくさんの財産を持っていて、趣味で自動車レースをし、クルマを造り、さらに趣味としてプロのサッカー選手になったの

必勝 **検定対策メモ**

にとって格好の部品供給源となった。

○**カロッツェリア・トゥーリング**
１９２６年にフェリーチェ・ビアンキ・アンデルローニらが創業したカロッツェリア。当初からボディの軽量化に取り組み、ウェイマン・システムといわれる木骨に布地を張るボディ構造を採用していた。１９３０年代になると、世界規模で流線型が流行することでボディ構築法の近代化が促進され、木骨構造は廃れていった。この流線型化と

だそうです。ユベントスにも在籍したようです。

LECTURE 06
レースの裾野を広げたフィアット

岡部：第二次大戦では、イタリア空軍は、飛行機の生産が足りなくて苦労したんですけどねえ。だのにクロームモリブデンのそういう在庫があるとは……。

伊東：クロモリが余っていても、ほかのものが不足していて、飛行機ができなかったということでしょうか。戦争末期には、すでに終わった時にどうレースしようかっていうことを考えていた人がいたという証がチシタリアなんでしょう。

岡部：１９４７年でしょ、あの映画の「自転車泥棒」とか、ああいう世界ですよ。

高島：そういう貧しい時代ですよね。

伊東：その貧しい時代に世に出たこのチシタリア２０２ですが、あまりに高すぎて売れませんでした。まあ、当然ですよね。戦争でたくさんのクルマがなくなってしまい、ヨーロッパ中がクルマ不足になっていたのは事実ですが、仮にクルマを買うことになっても大衆車でしょうし、こんな高くて、役にも立たないクーペなんて売れるはずがないですから。そこで、当時のヨーロッパ中のメーカーがしていたように、アメリカに持っていって売ろうとします。世界中で一番お金を使ってくれる国だったからですが、当時のキャデラックよりも高かったというのです。当時、大金持ちのフォード家が、クリスマスのプレゼントとして2台まとめ

構築法の近代化の流れの中で、トゥーリングは独自の「スーパーレッジェラ工法」によって成功を収めた。フェラーリやアルファ・ロメオ、アストン・マーティンなどにも採用された。

○スーパーレッジェラ工法

多数の細い鋼管を溶接で組み上げてケージ（籠）を作り、それに成形したアルミ・パネルを直接アルミニウムの外板を被せる工法で、トゥーリングの特許であった。極めて軽量なことが特徴で、同社の二人の女性職員が、

1949年型フォード

て買ったという話を読んだことがあります。とにかく綺麗なクルマですし、彼らにとっては、かわいいオモチャとして映ったのでしょうね。

高島：そのうちの1台が、1949年型の、最初の戦後型のフォード、フラッシュサイドのフォードをデザインするのに非常に役立ったといわれています。

伊東：プレゼントが役に立ったというわけですね。

高島：そういうことです。フラッシュサイドというのは側面が平らなのでフラッシュサイドといいます。戦後、たとえばカイザーとかフレーザーがすでにやったんですが、それはもう〝ヌルヌルヌル〟っとしてどこにも山や谷がなくて、ちっとも速そうにみえない形だっ

必勝

検定対策メモ

ボディのケージを腰の高さまで軽々と持ち上げている写真が残っている。

○フラッシュサイド・ボディ(flush sided body)

それまでのクルマのデザインの手法では、前後フェンダーを独立させていたが、フラッシュサイド・ボディでは、その凹凸を配して側面を平滑にしている。最初の戦後型となった1949年モデルのフォードによって広く浸透していった。

○フィアット500〝トポリーノ〟

フィアットが1936年に登場させた小型大衆車。1932年に発表した1100〝バリッラ〟の下に位置した。水冷4気筒570ccエンジンをフロントに配して後輪を駆動した。「はつかねずみ」を意味する「トポリーノ」の愛称で親しまれた。開発

たんですね。そこに、メリハリといいますか、速さを出して見せるということをこのクルマで教えたのです。

伊東：繰り返しますが、チシタリアに限らず、イタリアの小さなスポーツカーメーカーは、フィアットなくしては存在できなかったといっても過言ではないと思うんです。フィアットが造った大衆車の**500トポリーノ**や1100ccは、もちろん乗用車として大成功しましたが、モータースポーツの裾野を広げるために大変役に立っていますよね。真偽のほどは明らかではないですが、イタリア人に聞くと、当時のフィアットはこうした活動を推奨していたようです。クルマはたくさん造られましたから、パーツはどこに行っても買えますし、安いでしょう。エンツォ・フェラーリさんが最初に自分のクルマを造った時も、フィアットを改造して造りました。

高島：フィアットの4気筒を縦に2つ繋いで。直列の8気筒にしましたね。

伊東：フィアット育ちのモデルとしては、フェラーリが最高峰といってもいいですよね。

岡部：ほかに**ジャウル**とか小さいのもいろいろありましたよね。

高島：いろいろありますけど、シャシーとボディの美しさという点ではこれがピカイチでしょう。

伊東：これは走ってもなかなか良いらしいです。残念なことにちょこっとしか乗ったことがないもので、詳しいことはわからないのですが。少量生産で造れない部品はフィアットに依存していますが、エンジンの中身にはかなり手が入っている

に当たったのは、元航空機技術者のアントニオ・フェッシアを中心とするグループで、この中にその後、多くの傑作を手掛けることになる若き技師、ダンテ・ジアコーサがいた。写真はプロトタイプとジアコーサ。

○ジャウル（Giaur）
1950年に誕生したフィアットのコンポーネンツを使用した小排気量コンペティションカー・メーカー。元レーシングドライバーのヘラルド・タラスキと、アッテイリオ・ジャンニーニの、ふたりの会社の名前を組み合わせてジャウルと名づけら

そうです。クランクシャフトとかコンロッドなどのパーツは、チューナーたちが自分で造るのです。ヘッドも別物です。モノポストのD46は60馬力くらい出ているそうですが、ノーマルの1100エンジンが30馬力あたりですから、大変なパワーアップをしていることになります。

高島：その後で、デュジオはF1に打って出ようと考えるのです。当時のレギュレーションでは、スーパーチャージャー付きが1・5リッター、過給器なしが4・5リッターというものなんですが、新車を造ってこれに挑戦するんです。その設計を当時オーストリアのグミュントに引っ越していたポルシェ事務所に頼みます。ポルシェ事務所はその設計料を、当時戦犯としてフランスに抑留されていた親父さん、フェルディナント・ポルシェの釈放金にして解放してもらうんですね。

LECTURE 07 イタリア車の美しさ

伊東：たった今、質問が出ました。イタリア車なのになぜ右ハンドルなのかと。確かにそうなんです。イタリアのクルマだと左ハンドルのはずなんです。ある時期までイタリアの高級といわれるクルマはほぼ全て右ハンドルなのです。それに対してわりと下のクラスのクルマとか、右側通行の国への輸出を考えているクルマは左ハンドルです。ですから、これはイギリス仕様でも日本仕様でもなくて、

必勝 検定対策メモ

れた。こうしたイタリアの小型スポーツカーを親しみを込めて「イタリアの虫」と呼ぶことがある。

○ランチア・アウレリアGT
秀作サルーンのアウレリアB10をベースとしたグラントゥリズモで、1951年のトリノショーでデビューした。B10ベルリーナのホイールベースを200㎜短縮し、エンジンはB10用をベースとしたV型6気筒のOHV、2000cc型を搭載。最も代表的なB20クーペは、マリオ・フェリーチェ・ボアーノのデザインをベースに、ピニンファリーナがリファインと製作を担当した。機構的な完成度が高いばかりか、その美しさから1950年代のイタリア製GTの最高傑作ともいわれる。1955年には、ピニンファリーナのデザインになるB24ス

ランチア・アウレリアGT

これがイタリア国内に通用していた形です。例をあげれば、ランチアも1950年代後半までのアウレリアなども右が基本で、特別に輸出用に左ハンドル仕様が用意されていました。有名な**アウレリアGT**はB20というのですが、左ハンドル仕様はB20Sといい、このSはイタリア語で左を示す〝シニストラ〟の頭文字です。さて、チシタリアのエンジンルームを見せていただきましょう。

高島：エンジンのヘッドカバーはチシタリアのマークの入った鋳物になっていますが、ブロックは1100のものです。ただしサンプは違います。ドライサンプになっています。その分エンジンが低く置けるという利点があります。

パイダーも登場した。

チシタリア・グランプリカー（ポルシェT360）

チシタリアのピエロ・デュジオからの依頼により製作されたF1グランプリカー。1949年に発表された。水冷、水平対向12気筒、DOHC、スーパーチャージャー付き1493cc、最大出力385ps／10600rpm。ミドエンジン。パートタイム4輪駆動、5段ギアボックス、鋼管スペースフレーム（WB：2600mm）、アルミボディ。

岡部：今のクルマとちがって、開けるとすぐにエンジンがあって、ゆとりがあっていいですね。（笑）

高島：今は何も見えません。ブラックボックスですからね。それで、さっきお話した1・5リッター過給の**グランプリカー**は、〝ポルシェ360〟っていう設計番号がついています。これは水平対向12気筒の1・5リッター過給機付きのエンジンをミッドシップに積んで、4輪を駆動するという、非常に画期的なグランプリカーだったんです。実際には2台しか造られなくて、ほとんど熟成してレースをするところまでは行きませんでした。資金不足になってしまったからです。そのチシタリアのF1カーを造るために、オーストリアのグミュントからトリノのチシタリアに派遣されてきた技術者が二人いました。そのひとりが、イタリアが気に入って、そのまま住み着いてしまった**カルロ・アバルト**なんですね。もうひとりが**ルドルフ・フルシュカ**っていう技術屋さんで、この人はあとで**アルファスッド**を造りました。この人、本当は生産技術の大家ですけれども、のちに社長になりました。そういう意味でも、チシタリアはイタリアの自動車にとって大きな役割を果たしたということです。

岡部：じゃ、チシタリアがなかったら、その後のアバルトもなかった。**アルトゥール・メルツァリオ**もいなかった。

伊東：アルファスッドは、それまでのアルファ・ロメオにはなかった小型の前輪駆動車ですよね。エンジンもまったくの新設計の水平対向4気筒。ジウジアーロがデザインしたボディはとっても広くて、ハンドリングも大衆車とは思えない優

必勝 検定対策メモ

前／後輪トーションバー式独立懸架。

○カルロ・アバルト

1908～1979年。アバルト社の創始者。オーストリアの裕福な家庭に生まれ、20歳のときに自らモーターサイクルの設計製作を行なう。1929年にはアバルトの名を冠した軽量モーターサイクルを製作し、ライダーとしても活躍。1939年に第二次大戦の勃発を機にイ

れたものでした。ちょっとアルファの伝統的なテイストとは違うなと思われた方も多かったはずですが、フルシュカの経歴を知れば、頷けますね。さて話を戻して、チシタリアが潰れたあとは、カルロ・アバルトがほとんどその路線を引き継ぎます。

高島：デュジオはイタリアで上手くいかなくて、結局、南米のアルゼンチンに渡ってブエノス・アイレスに会社を設立して自動車を造ろうとするんですが、ちょっと造っただけで、これもまた失敗に終わりました。

伊東：確かブラジルに渡るとき、例のポルシェ設計のグランプリカーも持っていきます。結局、後になって、ポルシェがたいへんな苦労をして、この貴重なグランプリカーをアルゼンチンから買い戻します。奪還という表現でもいいかな。シュトゥットガルトのポルシェ・ミュージアムに展示されている、あのタイプ360には、小説にでもなりそうなストーリーがあるんです。

岡部：こうしてチシタリアを見ると、美術館に飾られるだけあって、フェンダーのリズムとか素晴らしいですね。

高島：このリズムがピニンファリーナならではだと思います。

岡部：これを目の当たりにできるというのはやはり幸運なことだと思います。

伊東：このドアハンドルを見てください。まず、こうしたボタンを押して、起き上がってきたレバーを引きます。使わないときはボタン以外に突起がなくなるという優れものです。この時代のイタリアのスポーツカーによく使われていますから、ヒストリックカーのイベントに行ったら、注意してみてください。現代のフィ

タリアへ移住し、戦後はチシタリア計画に参加する。1949年に独立し、マフラーほか、チューニングパーツの製作販売、およびフィアットなどをベースとした完成車を手掛ける。1971年8月に、経営不振に陥った会社をフィアットに売却。

○ルドルフ・フルシュカ
1915～1995年。オーストリア・ウィーン生まれのエンジニア。ポルシェ事務所を経て、戦後のアルファ・ロメオの車種開発で大きな役割を果たす。アルファスッド計画の責任者。1971年からアルファスッド社（国営企業）代表取締役兼ジェネラルマネジャー。1974年にアルファ・ロメオ（ミラノ本社）開発部長。アルフェッタ、ジュリエッタ、アルファ6の開発に当たる。1990年にアルファ・ロメオを辞して、I・DE・Aインスティチュートのコンサルタント。

アット・バルケッタにもこれが採用されています。そのオーナーが古いイタリアのスポーツカーを見て、「ああウチのと同じだ、いや、ウチのが同じだ」って喜んでいました。現代のクルマでも、こういう小物に昔のイメージを活かすのがイタリアのデザイナーは上手ですね。アクセントとして古いモノをちょっと使ってみるというのは、色気があっていいと思います。

岡部：色気といえば、デザインは面白いですね。例えばこのボンネットの線だって、別にハート型にしなくてもよかったはずですよね。

高島：これはウィンドシールドに合わせたのでしょう。

岡部：ドアのこのカーブも面白いですよ。フェンダーの下がえぐってあるんです。横から見るとフェンダーが上下ともひとつになって、後ろに向かって広がっていくという、そういう線なんですね。このフロントグリルがまたすごいですね。これだけ外してきてもモダンアートですね。

LECTURE 08 虫みたいなクルマ

伊東：次は、メッサーシュミットKR200です。メッサーシュミットといえば飛行機の会社です。まず岡部さんに口火を切っていただきましょう。

岡部：ええ。メッサーシュミットというのは、皆さんもご存じのとおり、第二次大戦中のドイツの有名な飛行機メーカーです。飛行機メーカーといっても戦闘機

必勝 検定対策メモ

○アルファスッド

イタリア産業復興公社（IRI）の傘下にあったアルファ・ロメオが、国策によって南イタリアに興した自動車生産会社。会社設立の目的は南北の経済的格差の解消にあり、ナポリ近郊のポミリアーノ・ダルコで安価な小型車を生産し、雇用の拡大を図ることにあった。生産モデルは完全な新設計で、当時の小型車の世界標準であった前輪駆動レイアウトを持ち、SOHCの水平対向4気筒エンジンを搭載した。設計指揮はすでに前輪駆動車の経験があるルドルフ・フルシュカで、イタルデザインがデザインを担当、実用車ながら、アルファ・ロメオの伝統に恥じない優れたハンドリングを備えたモデルを完成させた。期待のもとで1971年に登場したが、当時のイタリアを悩ませていた労働問題のほか、生産・品

メッサーシュミット
KR200

ばっかり造っていたんですね。ナチス政権の誕生と共に成長したメーカーだったわけです。そのメッサーシュミットは第二次大戦によって工場は爆撃で壊れてしまうし、戦争が終わると軍用機の注文もなくなってしまうで、さて、残った物資をどうしようかということで活路を見いだしたのが、このクルマです。このKRというのはなんですか。

高島：カビネン・ローラーの略です。ローラーというのはスクーターのことで、キャビン付きのスクーターという意味です。ですから、自動車ではなく、自動車よりもう少し下の、スクーターとクルマの中間的な乗りものだというふうに自分で言っているわけです。1953年にできたときはKR

質面のトラブルに悩まされた。

○アルトゥーロ・メルツァリオ
1943年〜。イタリアの元レーシングドライバー。アルファ・ロメオ遣いとして知られた。マルボロのテンガロンハットがトレードマークだった。

○メッサーシュミットKR200
翼を取り去った戦闘機の胴体のようなボディが特徴の超小型車。リアにザックス社製の2ストローク単気筒200cc、10ps

BMWイセッタ

175だったのですが、これはKR200という1955年のモデルです。第二次大戦中、やはり飛行機の設計に携わっていた人で、フリッツ・ヘントフというドイツ人がいます。その人は戦後傷痍軍人のために車椅子を造るんです。最初は、ごく普通の車椅子だったのですが、あとになって小さなエンジンを取り付けて、自走できるようにしたのです。それを見たウィリー・メッサーシュミットさんが、これはいけるぞと。終戦になって、飛行機が造れなくなってしまったので、活路を見いだそうとしたのでしょう。日本のスバルと同じです。スバルはもともと**中島飛行機**ですから。中島飛行機がいくつにも解体されたうちの一つが富士重工で、そこでスバルを

必勝 検定対策メモ

エンジンを搭載する。初期型には後退ギアがなかったが、後に後退ギア機構が加えられた。タイヤ径は8インチ。全長2843×全幅1325×全高1285㎜、WBは2096㎜。

○中島飛行機

元海軍機関将校であった中島知久平が1917（大正6）年に創業した航空機および航空機用エンジンの製造会社。1950（昭和25）年まで存在した。自社で機体やエンジンの独自開発と一貫生産が可能な技術力を備え、日本の軍備増強ともに急速に発展を遂げ、第二次大戦終結までは東洋最大、世界有数の航空機会社の地位にあった。終戦後、GHQによって航空機の生産を禁止され、12社に解体された。元中島飛行機の技術者の多くは、自動車産業に転じ、日本の自動車産業の発展に貢献して

造ったのです。

伊東：この時代にドイツでは大衆の足として、メッサーシュミットと同類の小型車がたくさん造られましたよね。元はイタリアのイソが造った**イセッタ**をＢＭＷが造っています。このほか**ハインケル**などといろいろあります。

岡部：実はハインケルも飛行機メーカーでした。ハインケル１００とかハインケル夜間戦闘機Ｈｅ２１９ウーフーとか、良い飛行機をつくったんですけれども、ウィリー・メッサーシュミットとちがって、エルンスト・ハインケルのほうはナチス・ドイツの受けが悪くて、戦争中は冷や飯を食わされていました。そのハインケルも戦後こういうカビネン・ローラーという……。上のガラス張りの部分をもって、イギリス人なんかは〝バブルカー〟と。イギリスでも確か……。

高島：ええ。トロージャンがまったく同じものを生産しました。ご覧になってわかるように、イソ・イセッタに非常に良く似ていますよね。デザインはイセッタのコピーだと言っていいと思います。前面の大きなドアがパカッと開きますが。長さが非常に短いんですよ。大型のクルマが歩道に並行に停まっているところに、ちょっと隙間があれば、そこに頭から突っ込んで直接歩道に降りられるんです。

伊東：そうするとまわりの2台は出られませんけど。現在のスマートもこの同類でしょう。スマートが生まれた考え方の根本はこういう小さいクルマにあると考えていいでしょうね。道の狭いヨーロッパではこうした超小型車は便利ですし、彼らはミニマムなものが好きなんだと思います。

いる。また、富士重工（分割された5社が合併）やプリンス自動車も旧中島飛行機である。

○**イセッタ**
イタリアのイソ社が1953年から1958年まで生産した超小型車。イセッタの名は「小さなイソ」の意。2ストローク2気筒の236cc、9.5psエンジンを搭載していた。イソ社のライセンスによって、ドイツ（BMWイセッタ）、イギリス（Isetta of GB）、スペイン、ベルギー、フランス（ヴェラム・イセッタ）で生産されたほか、ブラジル（ローミ・イセッタ）でも造られた。中でも1955年から手掛けたBMWは熱心で、自社製エンジンを積み、250〜600ccまでのモデルを揃え、約16万台を販売。写真はBMWイセッタ。

○**ハインケル・カビーネ**
1956年に登場した超小型車。イギリスではトロージャンの名で販売された。1956年

高島：そうですね。こういう虫みたいなクルマが好きだったんではないでしょうか。単純に貧しいからというわけではないと思います。このメッサーシュミットを見ても相当趣味的ですよね。たとえばバーハンドルは飛行機の操縦桿みたいですし。

LECTURE 09

戦闘機のようなキャノピー

岡部：こうやってみると前1席、後ろちょっと広めの1席という、2＋2という言い方に倣うと、1＋1・7かな。

高島：1＋1・5くらいですよね（笑）。

岡部：昨日、高島さんとメッサーシュミットの中に入ってみたんですが。

高島：ドイツ人ってものすごく大きいんですよ。上ばかりではなく、横にも大きいので出入りは大変です。でもいったん入ってしまうと、足はけっこう先の方まで行きます。ペダルは先端です。ですから乗っちゃえば普通に動かせますけど、乗り降りは大変だったと思いますね。

岡部：つま先は前車軸より前にあるんですか。

高島：前にあります。昔のF1みたいですね（笑）。乗員の肘のあたり、ドアが当たる部分に斜めに太いパイプの構造材が通るんですね。ですから普通のドアが付けられない。それでこういう一体で開く**キャノピー**型のドアを考えたのだと思

必勝 **検定対策メモ**

から生産された初期モデルの150は、174ccで9・2psを発揮する単気筒4ストローク・エンジンを搭載していた。1956年には、204ccエンジンを搭載した、153（3輪）および154（4輪）を加えている。全長2550×全幅1370×全高1320mm。

○キャノピー
右は戦闘機のメッサーシュミットBf110のキャノピー。写真中央はKR200のキャノピーと、同左がコクピット。

います。

岡部：これ右側に開きますね。実は、メッサーシュミットの飛行機って、たとえばBf１０９戦闘機もキャノピー部分が右側に開くんです。で、同じメッサーシュミットでBf１１０という複座戦闘機は、両サイドが倒れてヘッド部分が外れる。ちょっとフロント部分の〝顔つき〟はBf１０９に似てるんです。それからMe２６２という最初のジェット戦闘機、これも右側に開きます。だからどうもメッサーシュミットというのは、キャノピーが右に開くモノだという意識があったのかなと……。

高島：ドイツは右側通行ですから、車道側から乗り降りしなければならないんで（笑）。これでは逆です。むこうを開けたのはやはり〝飛行機屋さん〟メッサーシュミットなんではないでしょうか。

岡部：クセなんですかねぇ。

伊東：左利きの人が造ったのかな（笑）。

岡部：先ほど高島さんがおっしゃった、非常に狭い、乗り降りが大変というのについては、実はメッサーシュミットBf１０９についてもそういった意見が出ていたんです。イギリスのパイロットが、ぶんどった機体のインプレッションを書いているんですが、「乗ると非常に狭い、閉所恐怖症的になる」と言っているんです。そういうイギリス人自身も、スピットファイア戦闘機になると、「あれは乗るもんじゃない、着るもんだ」と（笑）。体にぴったりくるって言っているくらいですから。ただしドイツ人でメッサーシュミットBf１０９のコクピットが狭いって

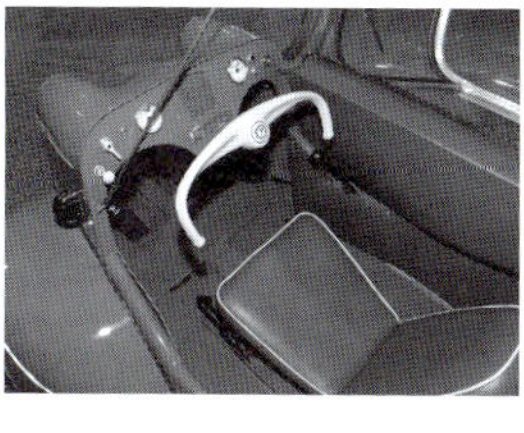

言っている人はいないんですよね。ドイツ人は案外こぢんまり乗るっていうのが性に合っているのかもしれません。

高島：戦闘機乗りは小柄な人ばかりだったんじゃないですか？

岡部：いや、そういうこともなかったと思いますが（笑）。このＫＲにドイツ人の大きなおじちゃんとその大きな彼女と乗っかっちゃったら大変ですよね。後ろの席に大きなシェパードを乗せたら、一匹で一杯になりそうだもの。

高島：そうですね。ご主人と奥さんと子供ひとりが、ちょうどいいところではないでしょうか。

伊東：それで3人乗ってその〝ブタ〟、いや失礼、ドアを締めたら、本当に閉所恐怖症になるでしょうね、いくら透明であっても。

高島：そう。透明にせざるを得なかったのでしょう。普通の屋根だったら本当に閉じこめられた感じになっちゃいますよね。

岡部：これ屋根が開くモデルがありましたよね。

高島：完全なオープンがあります。幌がでますけど。

伊東：幌が標準のようです。キャノピーはオプションですが、ドイツの冬は寒いでしょうから、キャノピーの方が絶対にいいでしょう。エンジンは小さくて、リアにあって空冷だから、冬は辛かったでしょうね。

高島：こういうプレクシグラスの屋根というか、窓というか、一体のものを使ったので、泡みたいに見えることから、みんなバブルカーと言ったのです。これは最初メッサーシュミットが生産したんですけれども、途中からＦＭＲという会社

必勝 検定対策メモ

○プレクシグラス（PLEXIGLAS）

第二次大戦の時期に、航空機の風防用に使うガラスに代わる、加工性のよい透明プラスチックが必要とされた。そのうちのひとつが「ポリメタクリル酸メチル」というアクリル樹脂。ドイツのＲｏｈｍ＆Ｈａａｓ社が製造した樹脂の商品名。

○バブルカー

第二次大戦後の物資が不足した時代に、スクーター以上、自動車未満の乗り物として生産された超小型車。車体に対して大きなキャノピー／ガラス面が泡を連想させるので、バブルカーと呼ばれた。ドイツではキャビンスクーターとも。本文で登場したメッサーシュミットなどのほか、ゴッゴモビル、フルダモビル、イタリアではヴェスパなど数多く生産された。日本でも乗

に生産が移行します。ＦＭＲになってから4輪車が造られます。後ろを2輪にしたものがあります。その2輪にしたもののなかに、チューンナップしたレーシングカーが1台あるんですけど、それは２００ccですが、国際記録を25も出しています。メッサーは日本にも輸入されていました。

伊東：これはちょっと驚きですが、日本に１５０台くらい輸入されたそうです。芙蓉貿易という正規ディーラーが東京にありました。１５０台も入ったというので、年配の方で、都市部に住んでいらっしゃる方は「見たよ」と言いますね。

岡部：はい、「見たよ」（笑）。

伊東：どこで見ましたか。

岡部：確か東京の銀座とか日比谷とかあの辺りですね。たぶん小学生くらいで。そのときはモーターマガジンを見ていたんで、これはメッサーシュミットってクルマなんだと知ってました。これを街で見かけた日は一日じゅう機嫌が良かったですね。

伊東：なるほど。これは芙蓉貿易で当時メカニックをしていた豊田信好さんに聞いた話なんです。豊田さんは、後にガレージ伊太利屋で名人メカとして評判になる方です。メッサーシュミットは箱に入れられて船で日本にやってきたそうです。箱を開けると、タイヤが外されて、幌を立てた状態で、それを組み立てて整備して納車するのです。芙蓉貿易は、全国に売っていたので、地方にデリバリーする際には箱のまま貨車で運んで送り、駅で下ろして組み立てるのだそうです。豊田さんが一緒に付いていって組み立てて納車をするんですが、だいたい地方で

用車生産が本格的に開始される前、フライング・フェザー、フジキャビンはじめ、オートサンダル、ニッケイタロー、テルヤン等々、さまざまな超小型車が造られた。写真右はヴェスパ、同左はゴッゴモビル。

は名士でお金持ちの方しか買わない。そりゃそうです、外車の、それもこんな奇妙に見えるものですから。でも、「足になる」とお医者さんなどがよく買われたそうです。届けに行くと、それはわざわざ遠くから申しわけなかったと、逆にたいへん歓待されたそうです。地方のお金持ちが買った例が多かったので、だいぶ後になっても、けっこう程度がいい状態でそのまま残っていたとも聞きました。豊田さんは２００３年に亡くなりましたが、ガレーヂ伊太利屋に移ってからも、当時のお客さんから頼まれて整備していましたね。

高島：これは空冷２ストロークの単気筒エンジンに、モーターサイクルの４段ギアボックスがついているんですけれど、最初の頃はリバースギアがあったんですか。

伊東：いや、最初はなくて、バックができないのです。

高島：つまり、エンジンの点火タイミングを変えて、逆回転させるというわけですね。２ストロークだからそんなことができるんですけど。そういえば、出来たばかりの湘南道路で後ろを向いて４速で走った人がいると聞きました。

岡部：ああ、エンジン逆転だから、ギアボックスがそのまま……。

高島：そうです。だから４速まで逆走できるってわけだ（笑）。前進４段、後退４段。

伊東：小回りは効かないのではないかという声が上がりました。ハンドルが切れないし、ホイールベースが比較的長いのですからね。それでリバースギアがなかったというのは辛いでしょう。今みたいに道が混んでいたら、死活問題だ。最初の

必勝 **検定対策メモ**

○タッカー・トーピード

プレストン・タッカーの企画立案により、１９４８年に登場したタッカー・トーピードは、衝突時における安全対策の先駆的存在として知られている。極めて先進的なクルマであったが、事業は頓挫し、１９４９年３月に廃業するまで、51台が造られたに過ぎなかった。水平対向6気筒エンジンをリアに配置し、オートマチック・トランスミッション、前輪独立懸架、ディスクブレーキ（計画のみ）という先進的なデザインは、元オーバーン／コード／デューセンバーグのアレックス・トレマレスによるものだ。そのプレストン・タッカーによる夢の自動車造りのストーリーは、１９８８年にアメリカで、フランシス・フォード・コッポラ監督のもとで、『Tucker: The Man and His Dream』として映画化され

ころは、棒を積んでいて、船頭さんが櫓を漕ぐように身を乗り出して漕いだという話を豊田さんから聞いた覚えがありますけど、あれは冗談だったのかなあ。

高島：でも、オープンだったらできますね。

岡部：後ろをエイヤッと持ち上げて……。

伊東：そうですね。後ろを持ち上げて方向転換したという話も聞いたことがあります。あと、片輪をエイヤッと持ち上げると２輪車になりますよね、それで工事している道を通り抜けたという話も。車重が軽かったというエピソードですね。

高島：だいたい２４０kgと言われてます。

伊東：力持ちなら、簡単に前輪なら持ち上げられますよね。

高島：この２００ccのＫＲ２００で１０・５馬力、最高速は90km／h出たと言われています。メッサーシュミット時代とＦＭＲの時代と合わせて10年足らずで40万台売られたといわれています。

岡部：けっこうな数ですね。

高島：１０９は何機、造ったのですか？

岡部：アレは２万です。

高島：それもすごい数ですね。

岡部：戦闘機の中では一番たくさん造られました。こういうモノをたくさん造るのがメッサーシュミットは得意なのかも知れませんね。

ている。コッポラ監督自身もタッカーを所有している。写真右はトヨタ博物館に収められているタッカー。同左は会社設立の趣意書に掲載された予想図。

LECTURE 10

クルマにも飛行機にも似ていない

タッカー・トーピード

伊東：さて、今度は大きなクルマ。タッカー・トーピードです。あまり聞くことのない名のクルマですが、アメリカで１９４８年に造られました。成功を収めることなく、たった50台ほどしか造られなかったのですが、非常に先進的で、安全面を重視したクルマとして、自動車史の中で重要なモデルです。トヨタ博物館には、この稀少なクルマが収められていますので、このクルマについて話してみることにしましょう。

岡部：噂のタッカーをこの日本で見られるというのはびっくりですね。

伊東：タッカーといえば、フラン

必勝 検定対策メモ

○スチュードベーカー

アメリカの自動車メーカー。ビッグスリーに属しない独立系メーカーとして、個性的な自動車を生産した。

馬車製造から、１９０２年に電気自動車の生産を始めた。１９０４年からガソリン車を製造。28年に高級車ピアスアローを買収するが、世界恐慌で経営危機となる。危機を脱し、39年に発表したレイモンド・ローウィーのデザインしたチャンピオンがヒット。戦後は47年型でボディサイドがフェンダーと一体化したデザイン「スラブサイド」を米量産車で初採用。50年型で砲弾型のブリット・ノーズなど前衛的なデザインを立て続けに発表したが、前衛的過ぎるデザインが受け入れられず、54年にパッカードに吸収合併。小型車に挑んだ１９６３年型アヴァンティを最後に66年でブラ

シス・フォード・コッポラの映画がありましたね。タッカーさんの挫折までを描いた映画で。確か試写会に高島さんと行った記憶があります。その時に、1台プロモーション用にクルマが来たんですが、詳細に見ることはできませんでした。

高島：今見ても非常に革新的なデザインですよね。たとえば50年代の中頃からバンパーグリルといってバンパーの中に入れたグリルというのが流行るんですが、それをいち早く、48年の段階で取り入れているわけです。

伊東：タッカーはもちろんデザイン的にも優れたクルマですけれども、機構的にもどうでしょう、モノによっては10年、20年先に普及する技術も取り入れていますね。それをまずひとつずつ追っかけていってみましょう。ヘッドライトがまず3つありますね、デザイン的にも特徴ですが。

高島：いちばん最初にタッカーが考えてデザイナーにスケッチさせた絵を見ますと、その時から3灯なんです。最初はサイクルフェンダーでした。サイクルフェンダーといってもイギリスのスポーツカーみたいな、申しわけ程度の小さなのではなくて、もっとちゃんとしたフェンダーで左右のホイールを覆っていて、そのフェンダーごとステアするデザインだったんです。そのフェンダーの先端にもライトがあったのですが、それとは別に動かないライトが、真ん中にありました。そのデザインが生産型にも残ったものだったのです。これ1948年でしょ。49年のスチュードベーカーが、ライトではないですが、飛行機のスピンナーみたいなデザインのものが真ん中にありますけど、あれにも影響を与えていると思います。

ンド消滅。写真は1963年アヴァンティ。

1951年スチュードベーカー・コマンダー・ステート・コンヴァーティブル。フロントの真ん中に飛行機のスピンナー（プロペラの先端）を模した飾りがある。

伊東：岡部さんは、飛行機と自動車のデザインの関連についてご興味があると思いますが。

岡部：そうですね、このタッカーを見てみると、当時のクルマにも似ていないし、飛行機にも似ていないし。言ってみれば、当時としては異世界から来た乗りものだったのではないでしょうか。コクピット部分とフェンダーが離れているというのも飛行機のセンスみたいなのがあるのかなという気がします。

伊東：さっき高島さんの説明にもありましたけれども、クルマが走る方向、**ステアリングを切った方向をライトで照らす**というのは、シトロエンのDSに採用されるまで、生産車にはなかったはずです。顔つきも飛行機的ですよね。

必勝

検定対策メモ

○ステアリング連動式のヘッドランプ

シトロエンDSに採用されたシステムでは、内側のランプがこれから進む方向を照らす。

岡部：顔つきは確かに飛行機的ですよね。さらに飛行機のモチーフを追求すると、先ほどおっしゃったようにスチュードベーカーの顔つきになっていくんでしょうね。

伊東：タッカーは商業的にはうまくいかなかったんですけれども、デザインの影響としてはこの後のモデルにまで及んでいると……。

高島：非常に大きな影響を与えていますね。実用化には遠かったけれども、ごく初期のプロトタイプでは、油圧駆動方法の採用を真剣に考えていたようです。

伊東：ギアやプロペラシャフトなどという機械的な推進力の伝達をせずに、エンジンの力で発生させた油圧によって、各車輪を動かすというシステムですね。ブルドーザーなどは油圧駆動ですが、これを普通の自動車に使おうと考えたのは驚きです。タッカーといえば安全設計ですね。

LECTURE 11 航空機生産の工場跡を使う

高島：積極的に安全対策を行なっていました。

伊東：室内の安全設計を見てみましょう。ウィンドシールドの下に衝突の時に乗員を守るクラッシュパッドが付いています。これが安全設計なんですね。それからドアノブがもう埋め込まれていますね。フロントのガラスも**脱落式**です。

高島：そうです。パッドが付くのは１９５０年代の半ばごろですから、タッカー

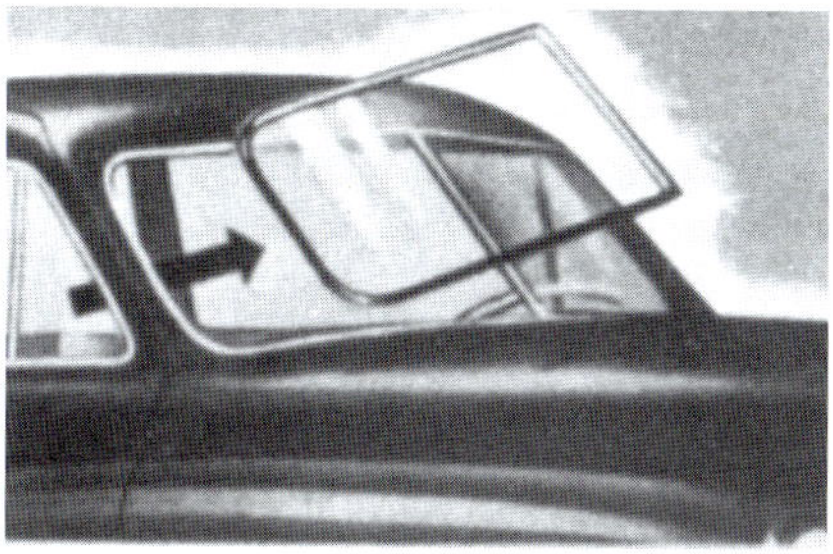

○タッカーの安全対策
これはカタログに掲載されていた安全対策のひとつ。衝突時に衝撃で外れるウィンドシールド。ドライバーがガラスで怪我をすることを未然に防ぐというアイディアだ。

はずいぶん早かったわけです。ダッシュボードにパッドを付けたのはタッカーが最初といわれています。ただし、こうして現在の目で見ると、座席からパッドまでの距離が遠いのは危険ですね。加速度がついちゃいますから。

伊東：衝突安全対策ということですね。設計上でもキャビンを丈夫に造って、リアエンジンですから、フロントは簡単に壊れる構造にして衝撃を吸収しようと考えていました。

高島：あと、このクルマではディスクブレーキですね。

伊東：設計段階ではディスクブレーキでした。ただし生産化に当たってはディスクが採用できなかったので、ドラムになったという経緯がありました。安全面が当時のセールスプロモーションではずいぶん強調されていますね。

高島：そうですね。もっとも、観音開きは安全面ではダメかもしれないけれど。

伊東：時のビッグスリーは、タッカーの安全対策というものにすごく神経を尖らせていたようです。

高島：結局、タッカーに成功されてしまうと困ってしまうので、ビッグスリーを始めとする自動車メーカーが寄って集って潰してしまったというのが真実なのでしょう。

伊東：それにタッカーさん自身にお金がないので、株式を大量に発行して事前に大量のお金を集めたけれども、なかなか生産できなかった。

高島：それで株の取引委員会のようなところに訴えられて、最後に負けてしまうんですけれどね。

必勝

検定対策メモ

○ディスクブレーキ
(disk brake)

ディスクブレーキは、ホイールと一体となって回転するディスクをブレーキパッドで挟み、その摩擦によって制動力を得るシステム。従来からのドラムブレーキと比べて水濡れによる能力低下がないほか、放熱性に優れ、特に高速からの制動に威力を発揮する。

自動車史上、初めてディスクブレーキを装着したのは、1903年のランチェスター。だが一般的にはならず、長い間ドラムブレーキが主流の時代が続いた。再び光があたるようになったのは戦後のことで、その高速からの優れた制動能力からレースで使われるようになった。イギリスのジャガー・チームが当時の主力マシーンであるCタイプに装着し、1953年のルマン24時間で優勝を果たした。

伊東：さっきもお話にありましたように、リアエンジンです。水平対向6気筒5・5リッター。タッカー自身は自分でエンジンを造るつもりだったようですが、結局できませんでした。このエンジンはどこから手に入れてきたのでしょうか。

高島：エア・クールドモータースというところです。おもしろいことに、その会社の前身というのは空冷の自動車でも有名なフランクリンなんです。フランクリンがベルのヘリコプターのために造ったエンジンなんですね。

伊東：航空機用のエンジンは低回転域でのトルクが強いですよね。

岡部：別に高速に回す必要がないですから。フランクリンはクルマもそうですが、小さい航空機用のエンジンを戦前からずっと造ってきて、水平対向6気筒がベル47など第二次大戦後のヘリコプターによく使われたんですよ。信頼性が高いとか、値段が安いとか、いろいろと便利なところがあったんでしょう。タッカーのエンジンは、本来は空冷だったのですね。

高島：これを見ると、確かにウォーター・ジャケットを被せたような、外から着せたような感じですね。

岡部：本当に〝ウォーター・ジャケット〟ですね。

高島：トランスミッションはフロントドライブのコードのものが載っています。前後逆にせずに、コードと同じ向きについていますね。

伊東：コード用とは古いですね。戦前型ですけど、タッカーは自分では造ることができなかったから、たとえ時代遅れでもコード用を使うしか選択肢がなかったということですか。

○**ベルのヘリコプター**
タッカーとはこのエンジンで繋がりがある。

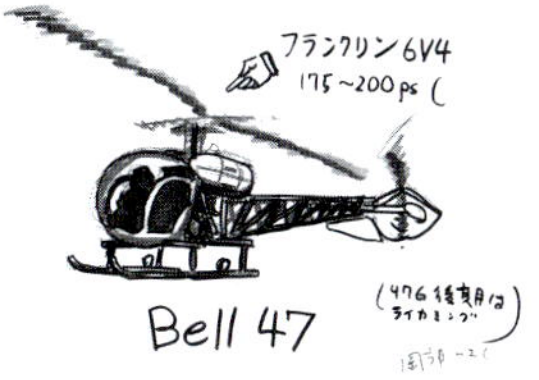

○**フランクリン**
1901年に誕生したアメリカの自動車会社。誕生から1934年の終焉まで、一貫して空冷エンジンを手掛け、究極的なV型12気筒の6527ccも空冷であった。また1932年にスチール製に切り替えるまで、木製シャシーを使い続けていた。

○**コード**
アメリカに存在した自動車メーカー。金融会社を経営していた

高島：そうですね。自動変速機の企画もあったようですが、それを造るところまでは行かなかったのです。とにかく全部で造られたものは50台ですから。

伊東：タッカー自身の計画では、第二次大戦のときに建てられた航空機生産の工場跡を使って大量生産するつもりでした。

高島：シカゴのほうです。一応、生産ラインも造って、ラインにずらっと並んでいる写真まで撮って、カタログにも載せていた。それがインチキ、詐欺だと言われてしまったのだけど、理想的にはそれがプレストン・タッカーの夢だったんですね。

伊東：ビッグスリーはタッカーを脅威に感じたといいます。たしかに最初のデザインは先進的で、それがどんどん一般的になっていくけれど、ビッグスリーが脅威に感じるくらい優れていたのでしょうか。

高島：そう思いますね。設計思想は断然新しいんじゃないですか。

伊東：確かに設計思想は新しいわけですね。もっとも、プレストン・タッカーがクルマの安全対策について声高に訴えれば訴えるほど、自動車が危険であることを消費者に知らしめることにもなるわけで、また安全対策という考えを持っていなかった既存の自動車メーカーにとっては、プレストン・タッカーという人物が邪魔だったのではないかと思うのですが。その結果、たった一人の男が発案して、小規模なエンジニアのチームが造ったものが大ＧＭ以下、フォードにも恐怖を感じさせたというわけですね。

高島：その時代というのは、まだ一人の非常に優秀な設計者がいれば、良いクル

必勝

検定対策メモ

若き実業家のエレット・ロバン・コードが設立。自動車産業への進出を果たすべく、１９２４年にオーバーン、27年にデューセンバーグを買収すると、29年に自らの名を冠したコード車の生産を開始した。コード最初のモデルは「Ｌ・29」といい、ライカミング製の直列８気筒エンジンを搭載したＦＷＤ車であった。だが、販売不振は振るわず、１９３５年には新型設計の「８１０」を登場させた。前作と同様に前輪駆動方式を採用していたが、エンジンはＶ８に代わった。外観は極めて先進的となり、独立したラジエターグリルを持たない角張ったボンネット形状（棺桶形といわれた）や、リトラクタブル式ヘッドライトなどが特徴であった。また機構面でも、バキューム式ギアシフトなどの先進的な技術が盛り込まれていた。写真はコード

マが造られていた時代だったと思うんですね。今みたいに会議で造るのではない時代。そういう時代のアメリカではおそらく最後の頃だった。造船王のヘンリーJカイザーはフレーザーと一緒にカイザー・フレーザーを興して、アメリカの製造産業に殴り込みをかけ、それはかなり上手くいきそうだったです。けれども結局、最後は潰されてしまうんです。それの二番手にタッカーがなるとビッグスリーは困ったんでしょうね。ビッグスリーといいますけれども、その他にもスチュードベーカーもパッカードもナッシュもハドソンもあったわけだから、そういう中堅のメーカーにとっても非常に大きな脅威だったということです。

伊東：そういう諸々の障害が立ちはだかって、タッカーさんの野望は志半ばにして終わってしまった。

高島：そうね。でもこれがちゃんと量産化できて、市場に出たら面白かったでしょうね。アメリカの自動車はずいぶん変わったと思いますよ。

岡部：価格帯としてはどの辺だったのでしょう。

高島：けっこう高いんじゃないですか。キャデラックとはいかないまでもビュイックやオールズくらいの値段にはなったのではないでしょうか。

伊東：タッカーの設計思想は進んでいたという意見は多いですね。まだ安全性とか、衝撃吸収構造なんて誰も考えていない時期ですから。

高島：そうね、20年くらいは進んでいたんじゃないかな。

岡部：あのクラッシュパッドなんかは今のエアバッグの遠いご先祖ですね。

高島：まあ、そういえますよね。

810の発展型の812セダン。

○パッカード
アメリカに存在した自動車メーカー。高品質かつ高水準な高級車を造ることで定評があった。1899年にジェームズ・ウォード・パッカードと、弟のウィリアムなどによって、オハイオ州ウォーレンで創業した。パッカードは創業当初から進歩的なメカニズムを採用し、第一号車には自動進角装置を備えていたし、1901年にはアメリカ車として初めて丸形ステアリングホイールを用いている。会社の存在を確固たるものとしたのは、1915年に登場させた

岡部：このときにクルマの安全対策といったものに努力を怠ったツケが、のちにリアエンジンのコーヴェアで復讐されたというお話になりそうですね。

伊東：このときにきちんとやって、先例となって熟成されていれば、もうちょっと良かったのでしょうか。

高島：そうですね。まだリアエンジンの欠点というのが問題になるほど、重量配分とか操縦性とかいうことがアメリカでは問題になっていなかったんだと思いますね。

伊東：それにタッカーが造られた頃はまだアメリカ人はリアエンジンを知らないんですね。ＶＷはその後ですし。だから本当に〝異星人〟だったんですね。

高島：とにかく全部で50台しか造られなかったうちの1台がこれですから。

伊東：47台が現存しているという話です。

高島：非常に生存率の高いクルマですよね。

岡部：エグゾーストパイプが6本ですか。第二次大戦の時の戦闘機に12気筒だと排気管が12本という……、そういうイメージを追っているんですかね。

伊東：力を誇示しているのでしょう。

岡部：ひょっとすると、このテールランプの処理なんかも、のちのテールフィンの……。

高島：ちょっとテールフィンを想わせますよね。それに、この時代にこんな高い位置にテールランプがついているクルマはアメリカにはないですから。

伊東：今で言うハイマウント・ストップランプですね。後続車のドライバーの目

必勝

検定対策メモ

V型12気筒エンジンを搭載車であった。第二次大戦以前は世界的な高級車のひとつとして君臨。戦時には航空機エンジンも手掛けた。戦後は次第に業績が悪化し、1958年にはスチュードベーカーと合併して消滅した。同社の有名な標語である「Ask The Man Who Owns One」すなわち「真価はその所有者に聞け」は品質に対する自信のほどを表している。写真は1939年パッカード・トゥエルブ。

の高さに置くことで、視認性を高めようという安全対策です。最近になって、ハイマウント・ストップランプは義務化されましたけれども、タッカーは40年近く進んでいたということになります。

LECTURE 12 タッカーと飛行機

伊東：岡部さんはNAVIに「クルマが先か？ヒコーキが先か？」という連載をしてくださっているのは皆さんもご存じのことと思います。せっかくのチャンスですから、プレストン・タッカーさんと飛行機の関係をもう少し話していただきましょう。まず、タッカーに使われている6気筒エンジンのルーツからですね。

岡部：ルーツというほどのこともないですが、タッカーが使っている元フランクリンの6気筒エンジンを使ったヘリコプターは、たとえばコレだよという話です。ベル47という1940年代にできた機体で、日本でも1960年代くらいまで、いろんなところで飛んでいました。

伊東：前が金魚鉢みたいなヘリコプターですね。

岡部：そうです。プレクシグラスのです。昔むかし、僕の子供の頃のテレビで「ソニー号空飛ぶ冒険」なんていうTVドラマがあったんですが……、皆さんは知らないかな（笑）。とにかく、むかし、ヘリコプターといえばコレが代名詞っていう。それとほぼ同じエンジンがタッカーに使われていたわけですね。

○ナッシュ

アメリカに存在した自動車メーカー。GMの二代目社長であったチャールズ・W・ナッシュによって1916年に設立され、技術的に人目を引くクルマを手掛けていた。戦後はドナルド・ヒーレーの設計に、ピニンファリーナのデザインになるボディを持つナッシュ・ヒーレー（1951年・写真）や、オースティンに委託してイギリスで生産された、事実上アメリカ最初のサブコンパクトカー、ナッシュ・メトロポリタンなど、一風変わったモデルを生産した。ナッシュは1957年に、ハドソン社と統合してAMC（アメ

伊東：タッカーさんは、第二次大戦中にアメリカ陸軍のために戦闘機を造ろうとしたことがあったそうですが。

岡部：ええ。これは僕が『ＮＡＶＩ』の連載で書いたんです。それを伊東さんが読んでなくて、さっき、ちょっと傷ついたんですけど(笑)。タッカーは、第二次大戦の直前に、アメリカ陸軍の戦闘機を造ることを考えたんです。戦闘機を大量生産しなくちゃいけないけど、アルミ資源が足りなくなったらどうしよう。じゃあ、木製で戦闘機を造りゃあいいじゃないかというアイディアがありました。そのときにタッカーもアメリカ陸軍のために戦闘機の設計案をまとめて提示して、いちおう、試作発注までもらったんですけれど、結局、仕事が遅くて、全然計画が進まなくて、そのうちに木で戦闘機を造らなくてもいいやってことになって、立ち消えになったんです。そういうわけで確かにタッカーはクルマをやる前に飛行機をちょっとやろうとしたんだよ、という話を『ＮＡＶＩ』に書きました。そのタッカーの戦闘機に使うエンジンを設計した人が**ハリー・ミラー**でした。ハリー・ミラーはタッカーと組んで、実はその戦闘機の前にもクルマにちょっと手を出していたんですけれども。そのハリー・ミラーって人は大した人なんですよね。

高島：アメリカの自動車技術者としては、ミラーは非常に大きな存在なんですね。１９２０年代の末から30年代にかけて、インディ５００でミラーが数回優勝しています。そのうちの半分はフロントドライブのミラーです。直列８気筒のツインカムのミラー91といいますが、91とは立方インチで、ちょうど１・５リッターです。その頃のインディーのフォーミュラは１・５リッターのスーパーチャー

必勝

検定対策メモ

リカン・モーターズ・コーポレーション）を組織する。ＡＭＣは１９７０年にカイザー・ジープ社を傘下に収めたが、87年にクライスラーに買収された。

○テールフィン

クルマの後方に聳える「垂直尾翼」。飛行機からヒントを得たスピード感をイメージしたもので、１９５０年代にアメリカ車から世界中に伝播した。写真は最も顕著といわれる１９５９年キャデラック。

ジャー付きだったんですね。この時期に非常に強かったのがミラーです。それから戦後になってインディを制覇するオッフェンハウザー、〝オッフィー〟っていうエンジンがありますけれど、オッフィーのエンジンはミラーのエンジンからスタートしたといわれています。フランスのブガッティはミラー91を2台買って、モールスハイムで研究用に使ったんです。これはどういうことかというと、エットーレ・ブガッティという人は、エンジンは四角い彫刻として削ったように、四角い形に固執したのです。四角にしたかったから、カムシャフトは1本だけの、SOHCですね。それでは勝てない時代が来て、息子のジャンは、オヤジさんを説得してツインカムにするわけです。でも、ツインカムの経験がないんです。というのも、ブガッティは有史以来ずーっとシングルカムでやって来たからです。そこで、研究用にミラーを2台買ったんです。そのミラーは、そのままの形でモールスハイムの倉庫に仕舞われていたんですけれども、のちに発掘されて、『CG』でもずいぶんと世話になったボージュソンというアメリカのジャーナリストがアメリカに持ち帰りました。現在、インディアナポリス・モーター・スピードウェイのミュージアムにあるミラーはそのうちの1台だと思います。

LECTURE 13

F1とインディ

伊東：プレストン・タッカーとハリー・ミラーは、タッカー・トーピードを造る

『クルマが先か？ヒコーキが先か？』

岡部いさく氏長期連載。単行本になっていて、すでに2刊が二玄社から刊行されている。飛行機とクルマの結びつきがよく理解できる。

○ハリー・ミラー（Harry Miller）
1875～1943年。

前から仕事をしていたのでしょうか。

高島：ええ。プレストン・タッカーがタッカー車を発表する前に15年の自動車設計の経験がある、という風に広報資料か何かでPRしたらしいですが、その15年というのはミラーの設計に参加していたみたいですね。フォードのV8エンジンを使ったフロントドライブのインディカーがあるんですが、それじゃないかと思いますね。というのは、ハリー・ミラーとヘンリー・フォードとプレストン・タッカーが3人で一緒に並んでいる写真が残っています。そういう歴史的な写真があるので、証明できるのですけれども。ただし、そのミラー・フォードは熟成するところまでは行かなくて、結局、インディにはまったく勝てず、ヘンリー・フォードは「俺はもうレースはやらん」といって、結局、ずっと後のヘンリー・フォード2世の代になってGT40を造ってレースに参加するようになるまで、フォードはレースをしなかったという話です。

岡部：ヨーロッパのF1とかスポーツカーに比べて、アメリカのインディっていかにも粗暴で粗雑なレースみたいに言われているんですけれども、実際にはあのミラーのフロントドライブなんて、すごい精緻なメカニズムですよね。

高島：精密なものですよ。レースは楕円のトラックをただグルグルと回るだけで非常に単調で、ヨーロッパのサーキットでのレースとはまるで違うから、低級なものだと見られてしまいますが、まったくそうじゃないです。クルマもそうで、ミラーの設計は非常に精密なものです。アメリカにコードという高級車がありますが、コードL29のフロントドライブ、それからトヨタ博物館にも展示されて

必勝 検定対策メモ

1920年代から1930年代に活躍したアメリカの自動車設計家。優れたレーシングエンジンを手掛けたほか、FWDレーシングカーを開発したことで知られる。ミラーが製作した「91」はインディー500で圧倒的な速さを見せて9勝し、多くのレーシングエンジンの設計に大きな影響を与えた。また、アメリカのみならずフランスのブガッティもDOHCエンジンを製作する際にはミラー91を手本とした。さらに、1950年代から1970年代までインディー500で多くの勝利を挙げたオッフェンハウザー（オッフィー）・エンジンは、ハリー・ミラーが設計したエンジンの派生型である。

○フォードGT

1960年代、フォードは、企業イメージの向上には、モー

1966年、フォードに念願のルマン初優勝をもたらした、B.マクラーレン／Cエイモン組のフォードGTマークⅡ。

いるコード810は、そのミラーの設計をそのまま生かしたものです。

岡部：写真で見るとミラーのエンジンって綺麗にフィンが入っていて、ブガッティの四角いあの彫刻のようなエンジンと並んで、一種のエンジン芸術の双極みたいな感じですね。

伊東：ミラーのエンジンはアメリカのコンクールで見たことがありましたが、それはそれは綺麗で、機械の精緻な美しさとはこうなんだなあと、つくづく思いました。

ータースポーツでの活躍が有効と考え、ルマン24時間で優勝することを目標とした。その「便法」として1963年頃にスクーデリア・フェラーリの買収を画策したが、交渉は決裂して失敗に終わった。そこでフォードはイギリスのローラを起用し、市販車ベースのV8エンジンを搭載したレーシング・プロトタイプの開発を開始。1964年には、フォードGTマークⅠが完成している。このモデルをフォードGT40と呼ぶこともあるが、車高が40インチ（1016㎜）であることに由来したものだ。豊富な資金力を以てしても簡単に勝てないのがルマンで、フォード・ワークスチームが念願の初優勝を果たしたのはマークⅡ（7ℓ）で臨んだ1966年のことであった。翌67年もマークⅣ（7ℓ）で2連勝を遂げた。翌シーズンから活動はジョン・ワイア・チームに代わり、68、69年にGT40（5ℓ）が2連勝を果たしている。

カンタン
早わかり
自動車年表

～自動車の120年が一目でわかる～

3時限

1886年にガソリン自動車が生まれたことを
皮切りに始まる自動車の歴史。
そこから主要トピックスをピックアップ。
初級者の検定対策としては不可欠の知識が満載です。
さらに上を目指しているみなさんも、
おさらいの意味でもう一度目を通してみてください。

1886

●カール・ベンツがガソリンエンジン車の特許を取得

1889

●ダイムラーがパリ万博に四輪自動車を出展

●プジョーがパリ万博に三輪蒸気自動車を出展

1890

●パナール・エ・ルヴァッソール車完成

●プジョーが自動車生産開始

1891

●フロントエンジンの祖「システム・パナール」登場

●プジョーがガソリン自動車を販売

1892

●カール・ベンツがアッカーマン式ステアリングを採用

●プジョーがゴムタイヤを装着した四輪ガソリン車発表

1893

●ドイツのルドルフ・ディーゼルが圧縮点火エンジンを発明

●アメリカ初のガソリン自動車ドゥリエ完成

1894

●世界初の量産車「ベンツ・ヴェロ」発売

●モータースポーツイベント「パリ～ルーアントライアル」開催

1895

●世界初の自動車レース「パリ～ボルドー～パリ」開催

●世界初の自動車ショー「パリ自動車ショー」開催

1896

●イギリス「赤旗法」の廃止

●イギリスのデイムラー社設立

1897

●フェルディナント・ポルシェが電気自動車の開発に着手

●オールズモビル社設立

1898

●オペル1号車、ルノー1号車完成

●日本に自動車が初渡来

1899

●カミーユ・ジェナッツィが電気自動車で時速100キロの壁を破る

●フィアット社設立

1900

●ド・ディオン・ブートンが自動車を量産

●ミシュランガイド刊行

1901

●オールズモビル・カーブドダッシュ発売

●日本初の自動車販売店会社「モーター商会」設立

1902

●キャデラック・モーター・カンパニー設立

●ダイムラーが「メルセデス」を商標登録

1903

●フォード、ビュイック設立

●オランダのスパイカー社が6気筒ガソリンエンジン、四輪駆動ガソリン車を製作

1904

●初の国産車「山羽式蒸気自動車」製作

●初の前輪駆動車、アメリカの「クリスティ」が登場

1905

●イギリスのオースティン社が1号車を完成

●スイスのアルフレッド・J・ビュッヒがターボチャージャーを特許申請

1906

●第1回フランス・グランプリ開催

●ロールス・ロイス・シルバーゴースト発表

1907

●世界初のサーキット「ブルックランズ」が完成

●日本初のガソリン車「タクリー号」が完成

1908

●フォードがT型を発表

●ゼネラル・モーターズ設立

1909

●ブガッティ初の生産車「タイプ13」発表

●鈴木式織機製作所（現スズキ）設立

1910

●アルファ・ロメオの前身「ロンバルダ自動車製造」設立

●日産の前身「戸畑鋳物」、いすゞの前身「東京瓦斯工業」設立

1911

●第1回インディアナポリス500マイルレース開催

●シボレー社設立

1912

●ポルシェが水平対向エンジンを完成

●キャデラックがセルフスターターを採用

1913

●フォード社がコンベアラインを導入

●アストン・マーティンの前身「バムフォード&マーティン社」設立

1914

●キャデラックがV8エンジン搭載車を完成

●ダッジ兄弟がダッジ車の生産開始

1915

●フォードT型が累計生産台数100万台を突破

●パッカードがV型12気筒エンジン搭載の「ツインシックス」を発売

1916

●ダッジ社が世界初のスチール製ボディの量産車を生産

●矢野倖一が「アロー号」完成。現存する最古の国産車

1917

●三菱が「A型」試作

●リンカーン・モーター・カンパニー設立

1918

●ロッキード社が4輪油圧ブレーキを開発

●シボレーがゼネラル・モーターズに加入

1919

●ベントレー社設立

●シトロエン社設立

1920

●リンカーン社設立

●マツダの前身「東洋コルク工業」設立

1921

●フォードT型が累計生産台数500万台を突破

●ドイツのルンプラーが史上初の流線型「トロップフェンワーゲン」を発表

1922

●ヨーロッパでオースティン、シトロエン、プジョーなどから、小型大衆車があいついで発売

●ランチアがフルモノコック・ボディ構造を用いたラムダを発表

1923

●関東大震災でフォードにトラックシャシーを大量発注。バスが復興に活躍

●第1回ルマン24時間レース開催

1924

●ドイツのダイムラー社が世界初の自動車専用ディーゼルエンジンを発表

●クライスラーの1号車「ライト・シックス」登場

1925

●クライスラー社設立

●日本初の本格的生産車「オートモ号」が海外へ初輸出

1926

●ダイムラー社とベンツ社が合併

●豊田自動織機製作所設立

1927

●フォードT型が生産終了

●ボルボが自動車生産開始

1928

●BMWが乗用車部門へ進出

●メルセデス・ベンツのスポーツカー「SSK」がデビュー

1929

●ニューヨーク株式市場でおきた株価の大暴落により自動車産業は大打撃
●ドイツのオペルがGMの傘下に

1930

●ダットソンの試作車が完成
●ダイハツの第1号三輪車が完成

1931

●ブリヂストンタイヤ設立
●ポルシェ社の前身「フェルディナント・ポルシェ名誉工学博士社」設立

1932

●ドイツでホルヒ、アウディ、ヴァンダラー、DKWでアウトウニオン結成
●アウトバーンが一部開通

1933

●アルファ・ロメオ社が国営化
●豊田自動織機製作所に自動車部が発足

1934

●モノコックボディ、前輪駆動など革新的機構を備えたシトロエン・トラクシオン・アヴァン発表
●自動車製造が日産自動車へ改称、ダットサンの本格的な一貫生産開始

1935

●豊田自動織機製作所が試作車「トヨダA1型乗用車」を完成
●三菱が国産初のディーゼル・バスを製作

1936

●大衆の足でありモータースポーツの裾野を広げたフィアット・トポリーノ発売
●フォルクスワーゲンの試作第一号車が完成

1937

●トヨタ自動車工業が発足
●日産初の大型乗用車「日産70型」が登場

1938

●ミシュランがラジアルタイヤを開発
●国民車「フォルクスワーゲン・ビートル」が誕生

1939

●ポルシェが軍用車「キューベルワーゲン」を設計
●エンゾ・フェラーリがアウト・アヴィオ・コストルツィオーニ社を設立

1940

●ポルシェが水陸両用の軍用車「シュヴィムワーゲン」を設計
●GMにAT車、クライスラーに油圧式クラッチ、パッカードにエアコンが採用される

1941

●アメリカ陸軍の要請によりジープが誕生
●日本で石油の規制が始まる

1942

●アメリカが乗用車、民需用トラックの生産を禁止
●日野重工業設立

1943

●日本で軍需会社法が施行される
●日本小型自動車工業組合が日本小型自動車統制組合に改組

1944

●トヨタ自動車工業が大型B乗用車を完成
●日産自動車が日産重工業に改称

1945

●フェルディナント・ポルシェがフランス政府に拘束される
●GHQにより自動車製造が禁止され、トラックは製造許可された

1946

●後に100万台を超える大ヒットとなった小型車「ルノー・4CV」発表
●サーブが試作車92・001を完成

1947

●ポルシェ社設立

●フェラーリが125で自動車製造に参入

1948

●本田技研工業設立

●シトロエンの2CVが登場

1949

●ポルシェ356デビュー

●キャデラック・クーペ・ド・ヴィルに量産車初のハードトップが登場

1950

●初のF1グランプリがシルバーストーン・サーキットで開催

●ラ・カレラ・パナメリカーナ・メヒコ開催

1951

●フェルディナント・ポルシェ死去

●クライスラーがヘミスフェリカル・ヘッドを備えた5.4Lエンジンを完成

1952

●ナッフィールドとオースティンが合併してBMCに

●ロータス・エンジニアリング社設立

1953

●日野ルノー、日産オースチン、いすゞ・ヒルマンがノックダウン生産を開始

●シボレー・コルベット発表。初のFRP製ボディ

1954

●第1回全日本自動車ショー開催

●小型乗用車スバル1500試作車発表

1955

●シトロエンDSデビュー

●トヨタがトヨペット・クラウン（RS型）を発表

1956

●ポルシェ356の累計生産台数が1万台を突破

●ルノーのガスタービン実験車「エトワール・フィラーント」が308.9km／hを樹立

1957

●フィアット・ヌオーヴァ500発売

●ドイツ、ヴァンケルとNSUがロータリーエンジン試作

1958

●軽自動車スバル360発売

●ロータス・エリート発表、FRPモノコックボディ

1959

●ミニ発売。オースティン／モーリス・ブランド

●ダットサン・ブルーバード発売

1960

●三菱500発売

●小型車枠が1500ccから2000ccに

1961

●プリンス・スカイライン・スポーツ発表

●日本で自動車生産台数が100万台を突破

1962

●ロータス・エラン、アルファロメオ・ジュリア発表

●鈴鹿サーキット完成

1963

●ポルシェ911発売

●ホンダが四輪生産を開始

1964

●フォード・マスタング発売

●ホンダがF1に参戦

1965

●シトロエンがパナールを吸収

●名神高速道路全線開通

1966

●ランボルギーニ・ミウラ発売

●日産とプリンスが合併

1967

●トヨタ2000GT発売

●日本の自動車生産台数が世界第2位に

1968

●日本で運転席のシートベルト設置義務化

●フェラーリ365GTB／4デイトナ発表

1969

●フェラーリがフィアット傘下に

●日産スカイラインGT‐R（GC10型）発売

1970

●マスキー法策定

●日本の交通事故死者が史上最悪を記録

1971

●日本で自動車産業の資本自由化

●アルファスッド設立

1972

●VWビートルが1車種の販売台数でT型を超える

●ホンダ・シビックが発売され、大ヒット

1973

●WRCがスタート

●オイルショックでガソリンスタンドの日曜営業停止

1974

●フォルクスワーゲン・ゴルフ発売

●プジョーとシトロエン提携

1975

●BMW 3シリーズ発売

●ポルシェのフロントエンジン車「924」デビュー

1976

●日本でF1初開催

●軽自動車新規格（360→550cc へ）枠施行

1977

●ルノーがターボエンジンとラジアルタイヤを引っさげ、F1に復活

●サーブ99ターボ発表

1978

●VWビートルが西ドイツで生産中止

●日本への自動車輸入関税がゼロに

1979

●スズキ・アルト47万円

●第1回パリ・ダカール・ラリー開催

1980

●マツダ・ファミリアがヒット

●日本の自動車生産台数が世界一に

1981

●日本、対米乗用車輸出自主規制開始

●トヨタ・ソアラ発売

1982

●メルセデス・ベンツ190発売

●トヨタ自工とトヨタ自販が合併

1983

●ホンダ第2期F1参戦

●運輸省、新車の車検期間を3年に延長

1984

●日産がVWと業務提携、日産サンタナ発表

●アメリカでクライスラーからミニバンのクライスラー・ボイジャー／ダッジ・キャラバン登場

1985

●ポルシェ959発表

●トヨタとGMが合弁会社NUMMI設立

1986

●アルファ・ロメオがフィアット傘下に

●WRCで大事故が発生、グループBが廃止

1987

●フェラーリF40発売

●中嶋悟がF1ドライバーに

1988

●F1でマクラーレン・ホンダが16戦15勝

●日産シーマ発売

1989

●ユーノス・ロードスター発売

●日産スカイラインGT‐R（R32型）発売

1990

●GMの日本車対抗車サターン発売

●ホンダNSX発売

1991

●本田宗一郎死去

●ルマンでマツダ787Bが総合優勝

1992
●ヤナセ、VWの販売から撤退
●ダッジ・ヴァイパー発表

1993
●トヨタ、WRCでドライバー、メーカーの両タイトル獲得
●スズキ・ワゴンR発売

1994
●F1サンマリノGPでアイルトン・セナが事故死
●ホンダ・オデッセイ発売

1995
●日本の車検制度改正でユーザー車検が増加
●関谷正徳が日本人ドライバー初のルマン総合優勝

1996
●フォードがマツダの筆頭株主に
●ポルシェ・ボクスター発表

1997
●アルファ・ロメオ156発表
●トヨタ・プリウス発売

1998
●ダイムラー・クライスラー誕生
●VWがベントレーを、BMWがロールス・ロイスを買収

1999
●日産がルノーと資本提携
●フォードが高級車グループのPAG発足

2000
●東京都、ディーゼル車を独自に規制
●ホンダ第3期F1参戦

2001
●BMWがミニを発売
●ランボルギーニ・ムルシエラゴ発売

2002
●トヨタがF1参戦
●トヨタとホンダが燃料電池車の限定リース販売を開始

2003
●2代目プリウス発売
●中国、ドイツに次いで世界第4位の自動車生産国に

2004
●三菱、商用車の欠陥車問題でハブの欠陥認め、20万台のリコール
●初の無人自動車レース「グランドチャレンジ2004」開催

2005
●ポルシェがVWの筆頭株主に
●レクサスが日本で開業

2006
●7度のチャンピオンに輝くミハエル・シューマッハー引退
●GMが日本メーカーとの資本関係を解消

2007
●ダイムラーがクライスラー部門を売却
●日本で飲酒運転罰則強化

2008
●インドのタタがフォードとランドローバー取得
●世界的金融危機で自動車不況

2009
●GM、クライスラーが経営破綻
●三菱i・MiEV、スバル・プラグイン・ステラ発売

厳選！

実力を磨く模擬検定試験

～1級、2級、3級それぞれのレベルに合わせた練習問題～

4時限

本番の検定を想定して、
それぞれの級で模擬試験を作成。
各級 10問ずつの出題となっております。
合格の目安は各級ともに７問の正解です。
検定前の実力試しとして
ぜひチャレンジしてください。

CAR検 3級 模擬試験

Question 1

自動車の大量生産の幕開けとなったといわれる「T型」を作った自動車会社はどれか。

1. オールズモビル
2. フォード
3. クライスラー
4. ビュイック

Question 2

1955年に通産省が計画したモータリゼーションのプランの名はどれか。

1. 国益奨励プラン
2. 国産自動車倍増計画
3. 国民車育成要綱案
4. 自動車高度成長試案

Question 3

「てんとう虫」の愛称で親しまれた大衆車はどれか。

1. スバル360
2. フォルクスワーゲン・ビートル
3. 日野ルノー
4. フライング・フェザー

Question 4

アメリカで1970年に改定された大気汚染防止のための法律の通称はなにか。

1. スーパー301条
2. ゴールドウォーター＝ニコルズ法
3. チャプター・イレブン
4. マスキー法

Question 5

この自動車はなにか

1. サーブ92
2. ボルボPV444
3. ポルシェ・タイプ30
4. フィアット500

Question 6

1886年は自動車にとって重要な年とされている。この年の出来事はなにか。

1. 日本に初めて自動車が輸入された
2. 初めてF1レースが開かれた
3. 発明された自動車が特許を取得した
4. 蒸気機関車より自動車が速くなった

Question 7

ミニについて正しいものはどれか。

1. 製造会社名が「ミニ」、車名が「クーパー」だった
2. 最初の名前は「セブン」と「ミニ・マイナー」だった
3. リアエンジン／リアドライブ（RR）にして室内スペースを確保した
4. エンジンを前後に搭載し4WDとした「ジャンボ」という兄弟車があった

Question 8

ロータリー・エンジンについて誤っているものはどれか。

1. ロータリー・エンジンを乗用車に採用しているのは、現在はマツダだけである
2. まゆ形のハウジングの中をおむすび形のピストンが回転して動力を得る
3. ホンダのCVCCエンジンとならび、いち早くアメリカのマスキー法をクリアした
4. ロータリー・エンジンはマツダが発明し、開発を続けてきた

Question 9

1946年にアメリカのプレストン・タッカーが製作したタッカー・トーピードについて正しいものはどれか。

1. 独創的な自動車づくりの夢を抱いたプレストン・タッカーの半生が映画化
2. 「チキチキバンバン」に登場する自動車の主人公として映画化
3. スケートボードの好きな主人公の乗るタイムマシーンとして映画に登場
4. 「マッハGo Go Go」の主人公が乗るマッハ号として登場し、実写化

Question 10

T型フォードが達成した生産台数記録を塗り替えたモデルはなにか。

1. フォルクスワーゲン・タイプ1（ビートル）
2. ミニ
3. ホンダ・シビック
4. トヨタ・カローラ

CAR検 3級 解答

Answer ③

答：①スバル 360

1958 年に富士重工から発売された 360cc の軽自動車、スバル 360 は庶民にも手の届くクルマとしてモータリゼーションの発展に大きく寄与した。設計には軽量化したモノコックボディ、高出力エンジンなど高い技術が注ぎ込まれた。その丸いかわいらしい外観から、てんとう虫の愛称で親しまれた。

Answer ①

答：②フォード

ヘンリー・フォードがアメリカの庶民のためのクルマとして 1908 年に発表したのが有名なモデル T（T 型）である。大量生産による価格の引き下げがさらなる需要を促し、1908 年から 1927 年までの 19 年間に生産されたモデル T は、合計 1500 万 7033 台にも達した。

Answer ④

答：④マスキー法

1970 年に提出された大気浄化法の改正案は、提案者のエドマンド・マスキー上院議員の名をとって、マスキー法と呼ばれる。排ガス中の一酸化炭素、炭化窒素などを 10 分の 1 に削減することを義務づける厳しい内容で、自動車業界の反発が強く、実際には法案が発効する 75 年の前に廃案とされた。しかしホンダが開発した CVCC エンジンが初めてこの基準を満たした。

Answer ②

答：③国民車育成要綱案

1955（昭和 30）年 5 月に当時の通産省が発表された国民車育成要綱案、通称“国民車構想”により、自動車会社は大衆を意識した小型乗用車の開発が課題になった。その内容の要旨は「乗車定員 4 人または 2 人で 100kg 以上の荷物が載せられること。最高時速は 100km 以上であること、そして時速 60km（平坦な道路）で 30km/ℓ の燃費性能が可能なこと。排気量が 350cc ～ 500cc、車重 400kg、価格は月産 2000 台で 25 万円以下」などだった。国はこの条件で自動車製造会社の数を絞って支援・育成することを試みたが、各社の反対にあい実現はしなかった。しかし産業育成の方向性を定めたことで、日本の自動車産業が本格的に成長するきっかけとなった。

Answer 5

答：①サーブ 92

航空機メーカーのサーブが、戦争後の航空機需要の落ち込みから構造転換を図り、自動車に進出して製作した最初のモデルが92である。航空機メーカーらしい空力を強く意識したボディは、スウェーデン人の工業デザイナー、シクステン・サソンによるデザインである。

Answer 6

答：③発明された自動車が特許を取得した

1886年は、カール・ベンツが発明したガソリン・エンジン車が特許を取得した年である。同じ頃ゴットリープ・ダイムラーも自動車の開発に取り組んだ。

Answer 7

答：②最初の名前は「セブン」と「ミニ・マイナー」だった

ミニに関する基本知識の問題。車名は最初から「ミニ」ではなく、社会にモデルが受け入れられるにつれて「ミニ・マイナー」から変化した。マイナーとはミニに先立つ1948年に発売された大衆車。ミニはこの成功作に続くモデルとして企画された。

Answer 8

答：④ロータリー・エンジンはマツダが発明し、開発を続けてきた

④が誤り。ロータリー・エンジンは発明者の名前をとって別名ヴァンケル式ともいう。共同で開発したドイツのNSU社と技術提携して、マツダはロータリー・エンジンの開発に臨んだ。小型で高出力を得られることから、世界中のメーカーが注目したエンジンだったが、シーリングなど克服すべき問題も多かった。レシプロと対抗できるレベルにまで技術を引き上げたのはマツダの功績だ。

Answer 9

答：①独創的な自動車づくりの夢を抱いたプレストン・タッカーの半生が映画化

タッカーの半生はコッポラによって1988年に映画化されている。Tucker: The Man and His Dream（邦題タッカー）

Answer 10

答：①フォルクスワーゲン・タイプ1（ビートル）

T型フォードが達成した、一単一車種による生産台数記録を塗り替えたのはビートル。1972年2月にそれまでのT型の1500万台余を越えた。ビートルはドイツで1978年まで1625万5000台が生産され、その後メキシコに生産地が移って2000万台以上を生産。

CAR検 2級 模擬試験

Question 1

1949年7月に発売されたシトロエン2CVについて述べている事柄で、間違っているのはどれか。

1. 身長の高い人が楽に乗れる、ゆったりしたボディサイズ
2. 峠道をキビキビ走り抜けられる硬い足まわり
3. 前後にそれぞれエンジンを搭載した、四駆モデルを開発
4. リーディング、トレーリング／コイル・スプリングによる前後関連懸架

Question 2

1954年に製作されたフライング・フェザー（F/F）について間違っているものはどれか。

1. 「最大の仕事を最少の消費で」達成するため、軽量化に重点を置いた
2. 設計者の富谷龍一は他にフジキャビンを手掛けた
3. バネ下重量を軽減するため、大径のワイアホイールを備えた
4. 小型でも家族で利用できるよう4人乗りだった

Question 3

航空機メーカーから転身した自動車会社によるモデルはどれか。

1. メッサーシュミットKR200
2. フォルクスワーゲン・ジェッタ
3. イソ・イセッタ
4. キャデラック・フリートウッド

Question 4

ニューヨーク近代美術館（MoMA）に永久所蔵された初めての自動車であるチシタリア202は、だれのデザインによるものか。

1. ジウジアーロ
2. ピニンファリーナ
3. ベルトーネ
4. 奥山清行

Question 5

1959 年にイギリスの BMC から発売されたミニは、開発の背景に、ある社会情勢がかかわっていた。開発のきっかけになった背景とは何か。

1. 世界大恐慌
2. 第二次世界大戦
3. 第二次中東戦争（スエズ戦争）
4. プラザ合意

Question 6

1955 年に発表されたシトロエン DS について間違っているものはどれか。

1. 油圧と窒素ガスによる革新的なハイドロニューマチックを搭載した
2. まだ自動車用素材として一般化していなかったプラスチックを多用した
3. ボディデザインはヌッチオ・ベルトーネによるグリルのない紡錘形だった
4. パワー・ステアリング、半自動オートマチックなどの機構がいち早く搭載された

Question 7

1907 年、世界で初めて完成した自動車専用のサーキット、イギリスのブルックランズ・サーキットのオープニングで行われたレースに出場した日本人は誰か。

1. 有栖川宮威仁親王
2. 大隈重信
3. 白洲次郎
4. 大倉喜七郎

Question 8

1923 年、関東大震災からの復興のため、東京市はフォード TT 型シャシーを緊急輸入し、11 人乗りのバスボディを架装して公共交通機関とした。このバスはニックネームで何と呼ばれたか。

1. 円太郎バス
2. 楽太郎バス
3. 金太郎バス
4. 力太郎バス

Question 9

1970 年にアメリカで改訂された大気汚染防止法、マスキー法が規制の対象としていない排出物は？

1. HC
2. CO
3. CO_2
4. NO_x

Question 10

アウディの 4 つの輪のマークは、会社の前身にあたるアウトウニオン（自動車連合）の印を引き継いだものだが、以下のなかで合併した 4 社ではないものはどれか。

1. アウディ
2. フォルクスワーゲン
3. DKW
4. ホルヒ

CAR検 2級 解答

Answer 3

答：①メッサーシュミット KR200

選択肢のうち航空機メーカーから転身したのは、①メッサーシュミット。②フォルクスワーゲンと、④キャデラックは設立時から自動車メーカー、③イソは家電メーカーだった。

Answer 1

答：②峠道をキビキビ走り抜けられる硬い足まわり

2CV のサスペンションは独特の設計がなされた。リーディングアームとトレーリングアームの前後アームを左右それぞれ 1 本のコイル・スプリングで繋ぎ、前後を引っ張り合うようにした前後関連懸架である。設計の目標は、積んだ卵が割れないような柔らかな乗り心地だった。

Answer 4

答：②ピニンファリーナ

ジョヴァンニ・バティスタ・ピニンファリーナによるデザインは、現代の自動車デザインの基礎といえる形を作り、評価された。それまでボディとフェンダーがそれぞれ独立したデザインだったものを一体化させ、一つの塊のように見せる箱形ボディ、フェンダーのラインがボンネットより高く、ヘッドライトがグリルより上に位置する低いノーズなどを高い完成度でまとめた。

Answer 2

答：④小型でも家族で利用できるよう 4 人乗りだった

軽量化と乗り心地を重視したため、大径で細いワイアスポークを採用したため、乗車定員は 2 名だった。

Answer 8

答：①円太郎バス

落語家の橘家円太郎が、明治時代の乗合馬車の御者の吹き鳴らすラッパをまねて高座に上がり人気になっていたことから、乗合馬車は「円太郎」と呼ばれていた。馬車のあだ名を引き継ぎ、市営バスも「円太郎バス」と呼ばれた。東京市の市電の代替運送のためにフォードが緊急大量輸入されたことによって、フォードが日本市場に開眼し、日本フォード、日本 GM 進出のきっかけとなった。日本人に自動車の便利さが認識され、2 社の進出で太平洋戦争前の日本市場はアメリカ車の寡占状態となった。

Answer 9

答：③ CO_2

マスキー法が規制の対象としていない排出物は CO_2。1970 年にマスキー法が成立した当時は、まだ二酸化炭素による地球温暖化の問題は顕在化していなかった。

Answer 10

答：②フォルクスワーゲン

現在はアウディと同じ企業グループに所属するフォルクスワーゲンだが、アウトウニオンが結成された 1932 年には、まだ会社が存在していない。アウトウニオンの 4 社は、ホルヒ、アウディ、ヴァンダラー、DKW である。1929 年に世界恐慌が起こり、その後ドイツの自動車会社は大きく再編成された。現在の状況とよく似ている。

Answer 5

答：③第二次中東戦争（スエズ戦争）

イギリスが保有していたスエズ運河がエジプトに国有化されたことで、石油と通行利権が絶たれ、イギリスには石油危機と不況が襲った。クルマも小型で経済的なものが求められ、ミニが誕生する背景となった。

Answer 6

答：③ボディデザインはヌッチオ・ベルトーネによるグリルのない紡錘形だった

DS のデザインはシトロエンの社内デザイナー、フラミニオ・ベルトーニによる。トラクシオン・アヴァンからアミ 6 までシトロエンの代表的なモデルを数々手掛けた。

Answer 7

答：④大倉喜七郎

1907 年、世界で初めて完成した自動車専用のサーキットを走った日本人は大倉喜七郎。英国留学中にフィアットを買って練習し、レースに参加した。2 位という好成績を残している。

CAR検 1級 模擬試験

Question 1

1946年にアメリカのプレストン・タッカーが開発に着手したタッカー・トーピードについて間違っているのはどれか。

❶ 衝突安全性についてよく考えられていた

❷ 空冷水平対向6気筒エンジンを搭載

❸ 試作段階ではディスクブレーキを予定していた

❹ タッカー自身では生産化されずGMが計画ごと買収

Question 2

1955年にデビューしたクルマの組み合わせで、正しいのはどれか。

❶ トヨペット・クラウン+シトロエンDS

❷ 三菱500+ポルシェ356

❸ スバル360+アルファロメオ1900

❹ ダットサン・フェアレディ+ルノー4CV

Question 3

1899年に世界初の4輪ハブモーター駆動の電気自動車、ローナー・ポルシェを完成させたフェルディナント・ポルシェが、続いて1902年に設計した“ローナー・ミクステ”は、どのような動力を使っていたか。

❶ ディーゼル・エンジン

❷ ガソリン・エンジン

❸ ガソリンと電気モーターのハイブリッド

❹ 燃料電池

Question 4

第二次大戦後、フェルディナント・ポルシェ博士はナチスに協力したとして、フランスに抑留された。博士の保釈金に当てるため、ポルシェ事務所はある自動車を設計した。その車は何か。

❶ ポルシェ911

❷ アウストロ・ダイムラー“サーシャ”

❸ アウトウニオンPヴァーゲン

❹ チシタリア・グランプリカー

Question 5

写真のようなボディのデザインを何というか。

1. プレーンバック
2. コーダ・トロンカ
3. モノポスト
4. バルケッタ

Question 6

イギリスで施行されていた「赤旗法」について間違っているものはどれか。

1. 自動車を動かすには３名（運転手、旗手、カマ焚き）を必要とする
2. 自動車の前を人が赤旗(または赤色灯)を持って歩き、車が来るのを知らせる
3. 市街地では制限速度は時速２マイル(3.2km/h)、郊外では時速４マイル（6.4km/h）
4. 全長の１割を越える長尺のものを積載するときは、見やすい所に赤い旗（または赤色灯）を付ける

Question 7

イシゴニス方式とは何か

1. 横置きしたエンジンの下部にギアボックスを配置する
2. 横置きしたエンジンとギアボックスを一直線に配し、ディファレンシャルをギアボックスの直後に配する
3. 縦置きしたエンジンとギアボックスを一直線に配し、ディファレンシャルを後部に配する
4. エンジンはフロントに搭載し、ギアボックス、ディファレンシャルを後部に配する

Question 8

このクルマはなにか。

1. メッサーシュミットKR200
2. BMWイセッタ
3. ハインケル・カビーネ
4. ダイハツ・ビー

Question 9

シボレー・コーヴェアが安全上に重大な問題があると、「Unsafe at Any Speed:The Designed-In Dangers of the American Automobile」という書籍で、欠陥車として糾弾した社会運動家はだれか。

1. ジョン・マケイン
2. アル・ゴア
3. レイチェル・カーソン
4. ラルフ・ネーダー

Question 10

第二次大戦後のキャデラックのテールフィンは、ある飛行機からヒントが得られたと言われるが、その航空機はなにか。

1. ロッキードP-38
2. ボーイングB29
3. ノースアメリカンP51
4. スーパーマリン・スピットファイア

CAR検 1級 解答

Answer 3

答：③ガソリンと電気モーターのハイブリッド

ローナー・ミクステは発電用のガソリン・エンジンを搭載、左右前輪に組み込んだハブモーターがタイヤを駆動するハイブリッド車。F・ポルシェは“ミクステ”に先立つ1899年に世界初の4輪ハブモーター駆動の電気自動車、ローナー・ポルシェを完成。電気の航続距離不足を補うため、1902年にハイブリッドとなるローナー・ミクステを完成させた。フロントに積んだ発電用のアウストロ・ダイムラー製水平対向4気筒ガソリン・エンジンで発電機を動かし、得られる電気をバッテリーに充電した。左右前輪に組み込んだ17.5psのハブモーターを駆動し、スムーズな加速で55mph（約90km/h）に達した。現在のハイブリッドカーの始祖である。

Answer 1

答：④タッカー自身では生産化されずGMが計画ごと買収

安全性を主眼に設計されたタッカーは、衝撃吸収ボディ、シートベルトやディスクブレーキ、埋め込み式室内ドアハンドル、脱落式ミラー、脱落式フロント・ウィンドーなど、自動車史上で初めてとなる数多くの安全対策が施されていた。機構面も目新しく、水平対向の空冷6気筒エンジンがリアに搭載され、全輪独立懸架のレイアウトを採用した。また、安全性を考慮してディスクブレーキの装着も検討されていた。

Answer 4

答：④チシタリア・グランプリカー

イタリア人の実業家、ピエロ・デュジオの依頼によって製作された、チシタリアというグランプリ・レーサーの設計料（製作はチシタリア社）が保釈金に充てられた。フェルディナント・ポルシェ博士が留守中のポルシェ設計事務所では、長男のフェリー、チーフエンジニアのカール・ラーベ、カルロ・アバルト、ルドルフ・フルシュカ（のちアルファ・ロメオ役員）らが、デュジオとの交渉と設計に当たった。

Answer 2

答：①トヨペット・クラウン＋シトロエンDS

1955年にデビューしたクルマの組み合わせが合っているのは①のみ。スバル360（1958年）、三菱500（1960年）は1955年の「国民車構想」より後のモデル。ダットサン・フェアレディは1961年。ポルシェ356（1948年）、アルファロメオ1900（1950）、ルノー4CV（1948年）の3台はシトロエンDSより前のモデル。

Answer 5

答：②コーダ・トロンカ

かつては自動車の空力は、飛行機の機体のようにボディの形状に沿わせて滑らかに空気を流すことを考えたファストバック、プレーンバックといわれる長いテールのものが主流だった。しかし長いテールはボディに気流を張り付けることになり摩擦抵抗を増すだけで、曲がりくねった道では運動性を損なう。そこで1960年代になるとテールを思い切りよく切り落としたコーダ・トロンカ（英語ではKテール）というボディがスポーツカーを中心に採用されるようになった。

Answer 6

答：④全長の1割を越える長尺のものを積載するときは、許可を得て、見やすい所に赤い旗（または赤色灯）を付けなければならない

①から③はイギリスの赤旗法に定められた内容だが、④は日本の現在の規定。赤旗法は19世紀末にイギリスで制定した法律。制限速度を人の歩く速度まで落とし、運転者以外の助手を2名規定するなど厳しく制限したため、イギリスの自動車工業は遅れをとっていた。

Answer 7

答：①横置きしたエンジンの下部にギアボックスを配置する

イシゴニス方式とは、前輪駆動方式のひとつ。全長の短い「BMCミニ」に搭載するため、エンジンを横置きにし、ギアボックス下段に重ねて、2階建てのようにしてスペースを生み出した。設計者アレック・イシゴニスの名を取って、イシゴニス方式と呼ばれる。②も前輪駆動方式のジアコーサ方式。こちらのほうが現代では一般的なFF方式として普及している。③は通常のFRのレイアウト。④はFRのトランスアクスルと呼ばれる方式。ギアボックスをデファレンシャルと一体化（クラッチも含む場合もある）することで前車軸の重量を一部後車軸に移し、前後軸の重量配分がより理想的になる。

Answer 8

答：③ハインケル・カビーネ

前開きドアでイソ、BMWのイセッタと形がよく似ているが、これはハインケル・カビーネ。ハインケルはドイツの航空機メーカー。戦後にバブルカーを製造した。

Answer 9

答：④ラルフ・ネーダー

1959年に発売されたシボレー・コーヴェアは、アメリカで成功したフォルクスワーゲン・ビートルなどを研究して、空冷エンジンをリアに搭載し、ヨーロッパ車のデザイントレンドを採り入れた意欲的な小型車だった。しかし操縦安定性に問題を抱え、横転事故などが起こり、欠陥車として消費者運動家のネーダーに糾弾された。もともと米国車ではあまり例のなかったリアエンジン車だったが、社会問題に発展したことで、アメリカのメーカーからはさらに敬遠されることになった。

Answer 10

答：①ロッキードP-38

1950年代になって、世界的流行となったテールフィンはロッキードP-38がモデルになったといわれている。自動車と航空機はほとんど同時代に生まれ、発展してきたが、大きな戦争、とりわけ第二次世界大戦で航空機の技術は飛躍的に進んだ。やがてその速さのイメージに自動車デザイナーがあこがれる対象になった。

CAR《かー》検《けん》 合格《ごうかく》のための集中講義《しゅうちゅうこうぎ》①

必ず実力がUPする「自動車文化史」特訓

初版発行　2009年10月1日

発行者　黒須雪子
発行所　株式会社　二玄社
〒101-8419
東京都千代田区神田神保町2-2
営業部　〒113-0021
東京都文京区本駒込6-2-1
電話 03-5395-0511

著者　自動車文化検定委員会
構成　bueno
装丁・本文デザイン　中野一弘（bueno）

印刷　光邦
製本　積信堂

Printed in Japan
ISBN978-4-544-40042-7 C0053

シリーズ本紹介

改訂版　自動車クロニクル

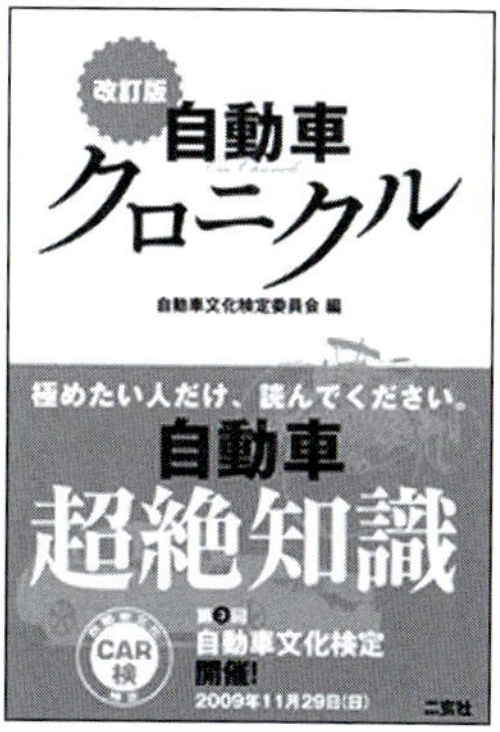

自動車文化検定委員会 編
定価　1890 円

123 年の自動車全史がここにある！

ガソリンエンジン車が初めて走った 1886 年からの自動車の歴史をギュッと凝縮した一冊、今まで、ありそうでなかった本です。クルマの歴史を扱う書物はほかにも存在しますが、本著は楽しみながら読み、解き進めることができます。深い知識が要求される『CAR 検』（自動車文化検定）のテキストとしてもお役立てください。

第2回 CAR検　解答&解説 1級・2級・3級　全300問

自動車文化検定委員会 編
定価　1260 円

『CAR 検』合格目指して、予習を万全に！

とかく“試験”と名のつくものにおいてもっとも大切なのが「予習」と「復習」であることは、みなさんの人生のいろいろな場面で痛いほど実感されているかと思います。「CAR 検」だって同じこと。その一助となるのがこの『第 2 回 CAR 検 解答と解説』です。これは、2008年に行なわれた第 2 回 CAR検の 1 級から 3 級の問題すべてを収録し、解答と詳細な解説を施したもの。